Tom König

IHR ANRUF
IST UNS
NICHTIG!

Tom König

IHR ANRUF IST UNS NICHTIG!

Neue Abenteuer aus der Servicewelt

REDLINE | VERLAG

Bibliografische Information der Deutschen Nationalbibliothek:
Die Deutsche Nationalbibliothek verzeichnet diese Publikation in der Deutschen Nationalbibliografie; detaillierte bibliografische Daten sind im Internet über http://d-nb.de abrufbar.

Für Fragen und Anregungen:
lektorat@redline-verlag.de

1. Auflage 2016

© 2016 by Redline Verlag, ein Imprint der Münchner Verlagsgruppe GmbH, Nymphenburger Straße 86
D-80636 München
Tel.: 089 651285-0
Fax: 089 652096

In Kooperation mit SPIEGEL ONLINE GmbH, Hamburg

Umschlaggestaltung: Marc-Torben Fischer, München
Umschlagabbildung: Billion Photos/shutterstock.com
Abbildungen: shutterstock.com
Seite 9 – Vector.design, Seite 41 – IhorZigor, Seite 63 – Marnikus, Seite 79 – Aha-Soft, Seite 95 – PictureStudio, Seite 119 – Nadin3d, Seite 137 – Sergey Furtaev, Seite 157 – pnDI
Satz: Daniel Förster, Belgern
Druck: Konrad Triltsch GmbH, Ochsenfurt
Printed in Germany

ISBN Print 978-3-86881-615-0
ISBN E-Book (PDF) 978-3-86414-865-1
ISBN E-Book (EPUB, Mobi) 978-3-86414-864-4

Weitere Informationen zum Verlag finden Sie unter

www.redline-verlag.de

Beachten Sie auch unsere weiteren Verlage unter
www.muenchner-verlagsgruppe.de

INHALT

KOMMUNIKATION

Von Schnellschwatzern und Mundfaulen 119

SELBSTHILFE

Handbuch für Serviceguerilleros 137

ES FÄHRT EIN ZUG NACH IRGENDWO

Kinder, Kinder

Meinem Sohn Toni ist langweilig. Stinklangweilig. Wir fahren im ICE von Hamburg nach München, und so langsam ist die gute Laune perdu. Wir haben bereits fünfmal Uno gespielt. Toni hat das Bahnmagazin »Leselok« durchgearbeitet und sein einstündiges iPad-Kontingent aufgebraucht. Trotzdem ist erst die Hälfte der Fahrzeit um.

»Warum«, fragt Toni, »gibt es hier keinen Spielplatz?«

»Im Zug?«

»Ja. So wie in der Schwitz.«

»In der Schweiz meinst Du?«, erwidere ich.

Er nickt eifrig. »Ja, das war toll.«

Stimmt, das war es. Wir fuhren mit einem Intercity-Doppel-deckerwagen der SBB. Hinten gab es den sogenannten Tickipark, einen Spielplatz im Zug, mit Raum zum Toben, einer Rutsche, Puzzles. In die Tische waren Brettspiele eingelassen.

Aber wir sind nicht in der Schweiz, sondern irgendwo hin-ter Kassel.

Als wir München erreichen, hängen meine Nerven in Fetzen. Mir graut bereits vor der nächsten langen Bahnfahrt an Weih-nachten. Folglich mache ich einen kleinen Freudenhüpfer, als ich einige Tage später lese, dass es in den ICEs der Deutschen Bahn demnächst neue Familienbereiche gibt. Bisher existieren nur Kleinkindabteile, und die nutzen zumindest mir nichts mehr.

Ich klicke mich durch die Details. Danach ist meine Eupho-rie verflogen. Denn während die SBB Kindern Autos, Raketen und eine bunte Dschungellandschaft bietet, offeriert ihnen die Deutsche Bahn demnächst: Aufkleber.

Ja, Aufkleber. Und ich meine jetzt keine lustigen bunten, wel-che die Kinder in irgendein Album kleben können. Bei den Auf-klebern handelt es sich um bläuliche Banderolen, die in einigen Großraumabteilen oberhalb der Sitzplätze angebracht werden. Sie markieren die neuen Familienbereiche. Man kann dort reser-vieren.

Fragt sich nur, wozu.

Die Bahn sagt, sie habe mächtig Marktforschung betrieben, um herauszufinden, was Familien wollen. Ein Ergebnis sei, dass Familien lieber in der Nähe anderer Familien säßen. Wichtig sei den Befragten zudem gewesen, »dass sich die Sitzbereiche in der Nähe eines Eingangs und einer Gepäckstellfläche befinden. Und bis zur Toilette sollte es auch nicht weit sein!«

Ganz offensichtlich waren diese Marktforschungsteilneh-mer keine Kinder. Denn die träumen nicht von Gepäckstellflä-chen, sondern von Spielmöglichkeiten.

Sie kriegen aber nur die bläuliche Banderole.

Ich habe den PR-Infotext zu den Familienbereichen mehr-mals gelesen, weil ich mir sicher war, irgendetwas übersehen zu haben. Vielleicht liegen Brettspiele aus? Oder es werden Trick-filme gezeigt?

Nein. Es gibt nur die bläuliche Banderole.

Nun ist die Bahn ein Unternehmen, dem ich mich aus Grün-den des Selbstschutzes seit Jahren mit einer sehr niedrigen Erwartungshaltung nähere. Aber diese absolute Nullnummer fand ich dann doch niederschmetternd.

Mensch, Bahn! Dir muss man echt die allereinfachsten Dinge erklären. Also gut, meinetwegen – hier sind einige der Sachen, die man in einem Familienbereich erwarten würde:

- Spiel- oder Maltische,
- Puzzle, Memory oder Touchscreens an den Wänden,
- Kinderkino,
- Spielsets (siehe Lufthansa),
- spannende Hörspiele übers Bordradio,
- farbenfrohes Ambiente (nein, die Banderole zählt nicht).

So Bahn, das wären jetzt mal die Basics. Mit ein wenig Fantasie ginge noch viel mehr. Wie wäre es zum Beispiel mit Infotafeln in jedem Waggon, die Teil eines »So funktioniert ein ICE«-Lehr-pfade-s sind, den Kinder ablaufen können? Wenn Du mutig wärst, könntest Du sogar die SBB toppen und einen ganzen Kin-derwaggon anhängen, ein rollendes Småland. Wetten, dass Hasbro, Lego oder Playmobil sich gegenseitig überbieten, um den betreiben zu dürfen?

Und bevor Du jetzt Dein Totschlagargument »zu teuer«, rausholst – es ist überhaupt keins. Denn all diese Dinge wären natürlich auch Marketing und würden Dich als familien- und kinderfreundlichsten Anbieter der Transportbranche positionieren. Sie würden einer ganzen Generation von klein auf beibringen, das Bahnfahren die tollste Sache der Welt ist.

Also, liebe Bahn, kratz' jetzt bitte diese albernen Familienbanderolen ab und geh noch mal in Dich. Das kannst Du doch besser, oder?

Nicht komisch, Max Maulwurf

Irgendwo vor Solingen bleibt mein Zug auf freier Strecke stehen. Wir hatten ohnehin schon Verspätung, weswegen sich meine Laune augenblicklich verschlechtert.

»Mann, was ist denn hier wieder los?«, maule ich.

»Ich glaube«, sagt der Passagier neben mir, »es liegt an der Müngstener Brücke.« Diese führe über die Wupper und werde gerade renoviert, weswegen es zu Verspätungen komme. Als ich später in Solingen aussteige, fällt mir eine Hinweistafel der Deutschen Bahn auf. Auf ihr ist ein Maulwurf in Bauarbeiterklamotten zu sehen, der an einer Stahlbrücke herumwerkelt. Darunter steht: »Wir tun alles, damit uns die Müngstener Brücke nicht über die Wupper geht.«

Trotz meiner schlechten Laune muss ich grinsen – gegen derlei charmante Dreistigkeit ist man dann doch machtlos. Die

Masche ist natürlich nicht ganz neu: Seit 1993 setzt die Bahn Max Maulwurf ein. Er ist eine Kommunikationsfigur, wie das im PR-Sprech heißt, und soll dafür sorgen, dass die Fahrgäste angesichts der vielen Baustellen nicht den Humor verlieren. Millionenfach grinst der kleine Maulwurf uns entgegen, von Plakaten oder Handzetteln. Er besitzt sogar eine eigene Facebookseite, und es gibt ihn als Plüschfigur.

Als ich mich eingehender mit Max beschäftige, ist mein erster Impuls, ihn toll zu finden. Denn mit Chuzpe an das leidige Dauerbaustellenthema heranzugehen, ist sicherlich besser als jene Art und Weise, auf die uns die alte Bundesbahn informiert hätte: »Aufgrund von Brandschutzertüchtigungen kann mit Anschluss nicht gerechnet werden.«

Hinzu kommt, dass die Maulwurf-Messages ein erfreulich ganzheitlicher Ansatz sind. Statt es jedem Bahnhofsmanager zu überlassen, ob und wie er die klaffenden Löcher in seinem Gleisbett kommuniziert, werden Max' »Verständnisplakate« alle vom selben Team konzipiert. Sieht man den Maulwurf, weiß man sofort, dass man sich auf Verspätungen oder Umleitungen gefasst machen muss.

Also ein toller Typ, der Max? Nun ja.

Als ich von Essen nach Düsseldorf will, muss ich feststellen, dass dies schwieriger wird als gedacht. Ein Bahnplakat informiert mich über die Totalsperrung aller Stationen zwischen Essen-Hauptbahnhof und Düsseldorf-Derendorf. Auf dem Poster sind sechs durchgestrichene Haltestellen abgebildet. Daneben steht Max Maulwurf vor einer Lottoziehungsmaschine. Text: »Die ersten sechs Richtigen, bei denen alle gewinnen.«

In diesem Moment fühle ich mich von Max nicht mehr freundlich auf den Arm genommen. Ich fühlte mich verhöhnt.

Nicht nur darf ich die Totalsperrung ausbaden, ich muss mir zusätzlich auch noch von einem Cartoonmaulwurf einen blöden Spruch reindrücken lassen.

Fortan ist mir Max über. Jedes Mal, wenn mir der kleine Graber witzig zu kommen versucht, knirsche ich mit den Zähnen. Als die Münchner S-Bahn, diese Schande der Stadt, neulich wegen Bauarbeiten noch sporadischer verkehrt als sonst, kommt Max als Löwendompteur daher: »Manege frei für unseren Bauzirkus in den Tunnelbahnhöfen der Stammstrecke«. Und als ich wegen einer starken Verspätung in Frankfurt über den Bahnsteig haste, grinst er mir im Barmixer-Outfit zu: »Nicht jedermanns Geschmack, aber eine gute Mischung: unser Baustellencocktail.«

Sauf ihn selber, denke ich mir.

Wieso geht mir dieser Maulwurf plötzlich so auf den Zeiger? Ich glaube, es liegt nicht alleine daran, dass den Werbetextern nach zwanzig Jahren Dauergewitzel allmählich die lustigen Sprüche ausgehen. Vielleicht passt der alte Max auch einfach nicht mehr zur neuen Bahn. Als er 1993 seinen Dienst antrat, war die Bahn ein Transportunternehmen mit einigen Macken. Nun, in der Post-Mehdorn-Ära, ist sie ein marodes Gebilde, das oft nur mit Mühe und Not zu funktionieren scheint.

Läuft im Großen und Ganzen alles rund, kann man über Problemchen eben charmante Witze machen. Wenn es jedoch überall hakt und hapert, sollte man seine dummen Sprüche besser für sich behalten.

Bahntickets kaufen, ein Kinderspiel

Während ich am Schalter Schlange stehe, kann ich innerbetriebliche Ausbildung bei der Deutschen Bahn aus nächster Nähe erleben. Ein grau melierter Bundesbahner erläutert zwei vielleicht siebzehnjährigen Azubis, wie man einen bestimmten Zusatztarif in das System einbucht: »Aber wenn es sich um einen Bahn-Card-Inhaber handelt, dann nicht. Außerdem gilt ...«

Ich verstehe nur Bahnhof, aber ich bin auch nicht vom Fach. Den beiden Mädchen in den viel zu weiten Bahneroutfits scheint es jedoch ähnlich zu gehen: Sie schauen ihren Ausbilder an wie Rehkitze, die in die aufgeblendeten Scheinwerfer eines Vierzigtonners geraten sind.

Immer wieder hört man, das Tarifsystem der Bahn sei ein klitzekleines bisschen undurchsichtig. Mir bereitete es bislang keinerlei Probleme; stets spuckte der Computer irgendeinen Preis aus, den ich dann brav zahlte.

Über die Feiertage möchten wir jedoch mit dem Nachwuchs die Verwandten besuchen. Außerdem will meine Schwägerin ihren präpubertierenden Sohn Boris für einige Tage nach Frankfurt zur Oma auslagern.

Deshalb muss ich mich mit folgender Frage beschäftigen: Was kostet eigentlich eine Kinderfahrkarte?

Dazu konsultiere ich die Webseite der Bahn. Zunächst die gute Nachricht: Die Bahn liebt Kinder!

»Nur einmal 10 Euro zahlen und ab 6 bis einschließlich 18 Jahren alle Vorteile der Jugend BahnCard 25 mitnehmen! Damit sparen junge Reisende immer 25 Prozent auf den Normalpreis.«

Ein super Angebot – kinderfreundlicher geht es kaum, oder?

Nun ja: Die Bahn könnte Kinder umsonst mitnehmen. Fairerweise muss man jedoch sagen, dass dies eine überzogene Anspruchshaltung wäre. Auch die Bahn muss ja schließlich Geld ...

»Ob mit Papa, Mama, Opa oder Oma – in Begleitung fahren Kinder unter 15 Jahren kostenlos mit!«

Ach so. Aber wozu brauchen Kinder dann diese Jugend BahnCard? Wenn sie doch ohnehin für umme ...

»Für Kinder, die alleine reisen, ist eine separate Buchung notwendig.«

Gut, dann machen die 25 Prozent Rabatt zumindest manchmal Sinn. Weil alleine reisende Kinder ansonsten ja den vollen Preis ...

»Und falls Ihre Kinder mal allein unterwegs sind, erhalten sie 50 Prozent Rabatt.«

Ich bemerke einen Anflug von Migräne, deshalb bitte ganz langsam jetzt: Kinder fahren alleine für die Hälfte (wenn sie nicht mit der Familie umsonst fahren), zahlen also, wenn sie zusätzlich eine Jugend Bahncard 25 besitzen, äh, wieviel?

Das Twitter-Team der Bahn muss helfen:

@DB_Bahn Tariffrage: Wieviel Prozent Ermäßigung auf den regulären Fahrpreis erhält ein Zwölfjähriger mit einer Jugendbahncard?

@koenigistkunde Mit der Jugend-BahnCard wird ein Rabatt i. H. v. 25 Prozent auf den Normal- bzw. Sparpreis gewährt.

Hä? Wenn meine Schwägerin ihren Boris alleine nach Frankfurt schickt, sollte sie ihm also keine Jugend Bahncard 25 kaufen –

weil dann der Kinderrabatt von 50 Prozent auf 25 Prozent sinkt?
Oder wie?

Ich schlucke eine Ibuprofen 400 und frage noch einmal nach:

> **@DB_Bahn** Aber laut Ihrer Webseite bekommt der
> Jugendliche doch ohnehin 50 Prozent Rabatt auf
> den Normalpreis, oder? Geht das dann on top?

> **@koenigistkunde** Genau. Von dem ermäßigten Kin-
> dertarif werden noch die 25 Prozent abgezogen.

Fette 75 Prozent Rabatt – das ist sehr kinderfreundlich. Weniger
kinderfreundlich ist, dass die Bahn kleinen Konsumenten und
deren Eltern ein Produkt offeriert, dass die meisten erst ab Ihrem
15. Geburtstag benötigen.[1]

Aber egal. Zumindest kann ich nun im Internet schon einmal
die Fahrkarte für Boris …

»Die Buchung eines Online-Tickets für Kinder ohne Begleitung ist nicht möglich.«

Internet geht bei der Bahn erst ab 18. Dann muss ich jetzt
wohl zum Bahnhof tigern und mit dem graumelierten Schalter-
beamten über das Problem diskutieren.

Aber vorher schlucke ich noch eine Ibuprofen.

---

1 Wenn Sie diesen Satz jetzt nicht verstanden haben, dann drucken Sie die Kolumne
bitte aus. Nehmen Sie sich einen Highlighter und arbeiten Sie die wesentlichen Ele-
mente des Bahn-Tarifsystems heraus. Formulieren Sie das Ergebnis in einem zwei-
seitigen Essay. Ist ja nicht einzusehen, warum Sie es einfacher haben sollten als ich.

Bäuche im Flugzeug

Unlängst las ich, eine Frau habe in zehntausend Metern Höhe ein Baby zur Welt gebracht. Da kein Arzt im Flieger war, nahm sich eine Stewardess der Sache an. Zur Desinfektion verwendete sie Wodka aus dem Getränketrolley. So etwas passiert nicht allzu oft, denn die meisten Fluglinien sind beim Transport schwangerer Kundinnen vorsichtig. Ich wage zu sagen: Übervorsichtig.

Als meine schwangere Frau Tanja und ich einen Cluburlaub in Apulien buchen, ist unsere erste Frage: »Nehmen die uns überhaupt mit?«

Wir müssen mit Air Berlin von München nach Brindisi. Tanja wird zum Abflugzeitpunkt in der zweiunddreißigsten Woche sein. Unser Reisebüro kontaktiert die Fluggesellschaft und bestätigt uns, bis zur sechsunddreißigsten Woche sei alles völlig unproblematisch. So steht es nämlich in den Beförderungsbedingungen der Fluglinie: »Schwangere werden bis zur vierten Woche vor dem errechneten Geburtstermin befördert. Zum Nachweis darüber, dass die sechsunddreißigste Schwangerschaftswoche noch nicht überschritten ist, kann die Vorlage des Mutterpasses oder einer ärztlichen Bescheinigung verlangt werden.«

Unser Rückflug liegt in der vierunddreißigsten Woche, also alles paletti. Auf dem Hinflug will das Personal denn auch nicht einmal Tanjas Mutterpass sehen. Zwei Wochen später stehen wir in Brindisi am Schalter und der Rückflug? Ungewiss. Denn als Tanja ihr Ticket vorzeigt, bemerkt die Schalterdame das Offensichtliche: »Sie sind ja schwanger«, sagt sie in gebrochenem Englisch. »Haben Sie kein aktuelles ärztliches Attest?«

»Ich habe einen Mutterpass«, sagt meine Frau. In dem Heftchen hat der Arzt die regelmäßigen Untersuchungen eingetragen und abgezeichnet. Auch der Geburtstermin ist dort vermerkt. »Außerdem bin ich erst in der vierunddreißigsten Woche.«

Die Dame schüttelt den Kopf. »Nein, nein! Wir befördern Sie nur bis zur zweiunddreißigsten Woche. Danach nur noch mit ganz aktuellem ärztlichen Attest. Beförderungsbedingungen von Air Berlin.«

Wir sagen, dass man bis zur sechsunddreißigsten Woche fliegen darf. Und dass ein Mutterpass eine ärztliche Bescheinigung ist.

Miss Air Berlin schüttelt den Kopf.

Wir versuchen es mit Logik. »Warum hat man mich dann herfliegen lassen?«, argumentiert Tanja. »Denn da war ich ja schon in der zweiunddreißigsten …«

»… ohne das Attest geht nichts«, sagt die Schalterdame.

So geht das eine Weile hin und her. Irgendwann erklärt sie uns, der Kapitän der Maschine müsse das entscheiden. Sie telefoniert auf Italienisch, zweimal, ohne Ergebnis. Dann sagt sie: »Ich muss jetzt weg.«

Sie gibt mir unsere Koffer zurück. Ihre Kollegin werde sich später darum kümmern, der Kapitän der Maschine sei zurzeit leider nicht erreichbar.

»Aber das Gate schließt in zehn Minuten!«, rufe ich.

»Si«, antwortet die Dame. »Deshalb muss ich ja auch weg.«

Dann ist sie fort. Ich hieve unsere Koffer auf das Laufband des anderen Schalters. Das ist nicht ganz einfach, weil ich den rechten Arm seit einem kleinen Sportunfall in der Schlinge trage. Also mit links. Dann versuche ich mein Glück bei der einzigen verbliebenen Servicedame.

»Der Kapitän muss es genehmigen«, sagt sie. »Sonst müssen Sie eben hierbleiben und erst mal ein Attest besorgen.«

Meine Frau sitzt einige Meter weiter hinten auf dem Boden. Sie heult. Unser kleiner Sohn Toni versucht, sie zu trösten.
Ihr graust verständlicherweise vor dem, was möglicherweise als
nächstes ansteht: Mit Sack und Pack ins glutheiße Brindisi zu fahren, um dort einen wildfremdem Frauenarzt aufzutreiben, der sie
untersucht. Das dürfte etliche Stunden in Anspruch nehmen und
eine elende Tortur werden. Und am Ende sagt der Dottore vermutlich: »Signora, sie sehen ja terribile aus. Sie sollten in diesem
Zustand auf keinen Fall fliegen!«

Ich frage die Schalterfrau etwas, aber sie fährt mir über den
Mund. »Der Kapitän hat gesagt, es geht nicht! Lassen Sie mich
jetzt, ich muss den Flug schließen.«

»Vielleicht würde es helfen, wenn ich mal auf Deutsch mit
dem Kapitän ...?«

»Das geht nicht.«

Nun werde ich sehr laut. Ich zeige auf die weinende Tanja. Inzwischen schauen ziemlich viele Menschen zu. Wahrscheinlich
fragen sie sich, warum da eine hochschwangere Frau weinend auf
dem Betonboden hockt – und wer das teutonische Rumpelstilz-
chen mit der Armschlinge ist.

»Sie können uns doch nicht hier sitzen lassen, ohne mir zumindest die Möglichkeit zu geben, kurz mit dem Kapitän zu sprechen!«

Sie zuckt zusammen, dann telefoniert sie auf Italienisch. Mit
dem Kapitän? Spricht ein deutscher Air-Berlin-Pilot fließend Italienisch? Dann sagt sie sehr leise. »Es geht.«

Wir rennen zum Gate und schaffen es gerade noch rechtzeitig
in die Maschine. Mein erster Impuls ist, den Kapitän zu verlangen
und mich zu beschweren. Ich möchte gerne wissen, wieso Air Berlin grundlos und im Widerspruch zu den eigenen Beförderungsbedingungen so mit einer schwangeren Kundin umgeht.

Doch ich sage nichts, aus Angst. Jetzt bloß nicht auffallen. Offensichtlich herrscht hier reine Willkür, und nachher schmeißen die uns noch im letzten Moment aus der Maschine.

Stattdessen fragt Tanja nach unserer Rückkehr schriftlich bei Air Berlin nach, wie es denn sein könne, dass aus der sechsunddreißigsten Woche plötzlich die zweiunddreißigste wird. Kurz darauf trudelt ein Formschreiben ein. »Zum jetzigen Zeitpunkt entstehen aufgrund eines saisonal angestiegenen Anfragevolumens leider erhöhte Bearbeitungszeiten«, heißt es da. Weitere Nachfragen seien aber nicht nötig. Denn »mit Ihrem Bearbeitungszeichen haben Sie die Gewissheit, dass Ihr Vorgang bearbeitet wird und wir uns unaufgefordert mit Ihnen in Verbindung setzen werden.«

Vier Wochen später frage ich bei der Pressestelle von Air Berlin nach. Die möchte keine Stellungnahme abgeben, es handele sich schließlich um eine private Angelegenheit. Zeitgleich trudelt eine Antwort des Kundenservice ein. Auf die Sache mit der Schwangerschaftswoche und dem Mutterpass geht Air Berlin nicht ein. Man bedaure aber, dass das »Gespräch mit den Mitarbeitern am Check-in für Sie so unerfreulich verlaufen ist.«

Wie die Lufthansa meinen Schal groundete

Als ich in Frankfurt aus dem Flieger steige, fällt mir auf, dass ich meinen neuen Schal an Bord vergessen habe. Nicht weiter schlimm, denke ich mir. Die Lufthansa hat schließlich Erfahrung mit so etwas. Aus den Schals, die in der achtzigjährigen Firmengeschichte liegen geblieben sind, ließe sich vermutlich ein Seil von hier bis zum Mond knüpfen.

Sicher gibt es für die Rückgabe persönlicher Gegenstände einen, wie Unternehmensberater sagen würden, »klar definierten Prozess«.

Am Abend gebe ich bei Google »Fundbüro Lufthansa« ein und gelange zu einer Seite, auf der es um verschwundene Gepäckstücke geht. Man kann dort Tracking Numbers eingeben.

Die hat mein Schal (Boss, Merino, Fransen) nicht, also suche ich weiter. Nach einigen Minuten finde ich einen englischen Eintrag zu »personal items«. Man solle »as quickly as possible« einen »Lufthansa representative« contacten, der dann eine »intensive search« starten werde.

Klingt gut. Leider gibt es unter dem Eintrag kein Formular, keine Emailadresse und keine Telefonnummer.

Ich rufe bei der allgemeinen Hotline an – genau das wollte ich eigentlich vermeiden. Denn die Deutsche Lufthansa gehört zu jenen Firmen, die immer noch meinen, lange Wartezeiten würden für den Kunden erträglicher, wenn man ihn mit Company-Jingles (»Lalülaliii!«) und Werbebotschaften beschallt.

»Waren Sie noch niemals in New York, auf Hawaii oder in San Francisco?«, flötet eine Frauenstimme. »Lalülalii!«

Nach fünf Minuten geht jemand ans Telefon und erklärt mir, dass ich hier falsch bin. Er gibt mir die richtige Nummer, die Gepäckverwaltung des Frankfurter Airports. »Und dann bitte Option Nr. 8 wählen.«

Würde ich gerne. Aber es kommt kein Voicebox-Labyrinth, sondern ein Freizeichen. Minutenlang. Immer wieder probiere ich es. Nie nimmt jemand ab. Ich rufe erneut die allgemeine Hotline an.

»Lalülalii! Auf Lufthansa Holidays bieten wir Ihnen besonders günstige Reisen. Vielleicht die bezaubernde Cote d'Azur?«

Ein verlockendes Angebot, in Cannes käme ich sicher ohne Schal aus. Nach sieben Minuten gibt mir ein Callcenter-Mitarbeiter die 0800-Nummer der Lufthansa-Gepäckhotline. Und dort geht tatsächlich jemand ans Telefon.

»Guten Tag, ich habe meinen grauen Boss-Schal im Flieger vergessen. LH 021, HAM-FRA, 15 Uhr.«

»Haben wir gefunden. Liegt in Frankfurt, Fundstücknummer FRA-LH 7291.«

»Ich wohne aber in München. Können Sie mir den zuschicken?«

»Das geht leider nicht. Sie müssten den schon abholen.«

Mist, der Schal wurde also in Frankfurt gegroundet. »Wie könnte ich denn Ihre Kollegen am Main erreichen?«, frage ich.

»Einfach per Telefon.«

Er gibt mir die Frankfurter Nummer, unter der nie jemand rangeht. Ich erkläre ihm, dass dort nie jemand rangeht.

Er sagt: »Das kann nicht sein.«

Nach einigem Hin und Her rückt er eine Emailadresse heraus. Ich bedanke mich und schreibe eine Schaldepesche.

Und noch eine. Und noch eine. Niemand schreibt zurück.

Zwei Wochen später bin ich wieder in Frankfurt. Am Flughafen mache ich mich auf die Suche nach dem Lufthansa-Fundbüro. Es handelt sich um einen Schalter ohne Menschen, dafür mit Telefon.

Ich nehme ab. Ein Stimme sagt: »Guten Tag, Sie wünschen?«

»Hallo, mein Schal hat die Fundnummer FRA-LH 7291.«

»Die Nummer nützt mir nichts. Wie sah der denn aus?«

Ich beschreibe ihm meinen Schal, woraufhin er sich auf die Suche begibt. Etwa zwanzig Minuten später kann ich meinen Halswärmer in Empfang nehmen.

Zwei Wochen später verliere ich ein paar schöne Lederhandschuhe, allerdings nicht im Flieger, sondern in einem ICE der Deutschen Bahn.

Die Bahn. Deutschlands Servicelokomotive. Tja, die Fingerlinge sind wohl futsch.

Denkste. Auf bahn.de finde ich binnen einer Minute einen Eintrag, der erklärt, wie und wann man seine Habe wiederbekommt. Man kann eine Verlustmeldung aufgeben, online oder telefonisch. Ich rufe an.

»Bahnhof Köln, Fundbüro?«

Ich schildere mein Problem. Es dauert zwei Minuten, dann sagt der Bahner mir, meine Handschuhe lägen für mich bereit.

»Ich wohne aber in München.«

»Dann schicke ich Sie Ihnen gerne zu«, erwidert er. Zwei Tage später sind die Handschuhe in der Post.

Man muss Mitleid haben mit der Lufthansa.

Von Emirates oder Cathay Pacific überholt zu werden, lässt sich vielleicht noch verschmerzen. Aber wenn beim Kundenservice sogar die Deutsche Bahn mit Volldampf an einem vorbeizieht, muss man sich wirklich Sorgen machen.

Ideen für die Bahn

Neulich musste die Bahn den Mainzer Hauptbahnhof vom Netz nehmen. Für eine Woche. Wegen Krankheit. Alle regten sich daraufhin fürchterlich über das miese Personalmanagement des Unternehmens auf. Ich aber sage: Schwamm drüber! Nicht, weil Mainz eine verzichtbare Destination wäre. Sondern, weil spektakuläre Patzer wie Bahnhofsschließungen oder Saunazüge nicht die enervierendsten Probleme der Deutschen Bahn sind.

Viel schlimmer sind die Kleinigkeiten.

Wer oft Bahn fährt, weiß um die zahllosen Problemchen, die während fast jeder Reise auftreten: Mal sind die Reservierungen futsch, mal gibt es keine Heißgetränke. Oder das Bordrestaurant fällt, so habe ich es diese Woche erlebt, im ICE von Hamburg nach München sechs Stunden lang aus.

All diese kleinen Desaster sind viel nervenaufreibender als die eine jährliche Großkatastrophe. Warum? Weil die Bahn von den kleinen Fehlern so unglaublich viele auf einmal begeht.

Es mag Jahre dauern, die Bahn im Großen wieder auf die Spur zu setzen. Aber es gäbe haufenweise kleinere Sofortmaßnahmen, die rasch zu realisieren wären.

Hier mein Serviceplan für den Fernverkehr der Bahn:

1. Besseres Essen: Der Mikrowellenmampf im Restaurant ist irgendwie erträglich. Die im Bahnbistro verkauften Sandwiches hingegen sind fast schon Körperverletzung. Das »Warme Schinken-Käse-Baguette«, eine bizarre Komposition aus Formschinken, Industrieweißbrot und undefinierbarem knallgelbem Schleim, ist ein Fall für Foodwatch. Ist es so schwer, knackige, mit frischen Zutaten belegte Brötchen anzubieten? Warum gibt es keine Obstbecher, Äpfel oder Bananen? Und noch ein Tipp: Kaffee muss nicht wie Abflussfrei schmecken.

2. Digitale Wagenstandsanzeiger: Der stets am falschen Ende der Plattform stehende Wagenstandsanzeiger gehört abge-

schafft. Die Information, an welcher Stelle man einsteigen muss, gehört aufs Ticket. Ändert sich die Wagenreihung, sollte der Fahrgast die neue Information per SMS oder App erhalten.

3. Mehr WLAN: Bis heute hat es die Bahn nicht für nötig gehalten, in allen ICEs drahtloses Internet zu installieren. Ob Köln-München oder Hamburg-Augsburg – vielerorts herrscht noch immer Funkstille. Die vorhandenen Hotspots sind zudem gefühlt die Hälfte der Zeit kaputt. Wifi müsste immer und überall funktionieren. Wir haben nämlich 2016.

4. Gepäckwagen: Die Bahn hat die Trolleys abgeschafft. Dynamischen fünfundvierzigjährigen Managern mit Hackenporsche mag das egal sein. Für Familien und ältere Herrschaften ist es eine Katastrophe. Gepäckwagen gehören zum Service, alternativ sollte es Gepäckträger geben.

5. Kinderabteile: In österreichischen Railjet-Zügen gibt es Kinderkinos. Wie wäre es, wenn man auf wichtigen ICE-Strecken Kinderabteile anhängte, wo man seine Kleinen gegen Gebühr abgeben kann? Alternativ könnte die Bahn ganze Wagons an Playmobil oder Lego vermieten.

6. Kurzer Weg zur Ersten Klasse: Man bucht Erste Klasse, weil man komfortabler reisen will. Warum befinden sich die entsprechenden Wagons dann oft am Rande des Bahnsteigs, sodass man ausgerechnet als Firstclass-Passagier besonders weit laufen muss?

7. Bessere Sitzreservierungen: Haben Sie schon einmal einen Schaffner gesehen, der mit einer alten Dreieinhalb-Zoll-Diskette hantiert und sich gefragt, was der tut? Er liest die Reservierungen ein. Das sollte volldigital und drahtlos geschehen. Dann wäre es nämlich möglich, in Echtzeit Reservierungen zu verkaufen. Noch wenige Minuten vor der Abfahrt ließe sich dann per Smartphone ein freier Sitzplatz finden.

8. Kunden stets gleich behandeln: Ein Schalterbeamter beschied mir einmal, meine im Internet erworbene Fahrkarte könne ich nicht im Reisezentrum umtauschen, »denn die ist ja nicht von uns«. Derlei Unsinn gehört genauso abgeschafft wie die für das Kaufen der Fahrkarte am Schalter erhobene Strafgebühr. Alle Kunden sollten an allen Vertriebspunkten gleich behandelt werden.

9. Funktionierende Klimaanlagen: Ich war noch nie in einem Zug, in dem die Klimaanlage ausfiel. Aber ich habe mir schon oft gewünscht, ich wäre es. Es müsste doch machbar sein, die Dinger so zu programmieren, dass sie Abteile nicht auf 13 Grad herunterkühlen und dazu Windstärke 6 simulieren. Und es müsste möglich sein, dass der Zugbegleiter die Temperatur reguliert, wenn ihn mehrere bibbernde Passagiere darum bitten.

10. Saubere Toiletten: Ich habe samstags auf dem Oktoberfest sauberere Toiletten gesehen als in manchen ICEs. Lieber Herr Grube, stellen Sie endlich jemanden an, der (man muss es so deutlich sagen) in regelmäßigen Abständen Pisslachen und Kackstriemen wegputzt.

Mit all diesen kleinen Maßnahmen würde die Bahn signalisie-
ren, dass sie ihre Kunden noch nicht aufgegeben hat. So ein Sig-
nal wäre dringend nötig.

Mit wem fliege ich hier eigentlich?

Die Schlange vor dem Schalter ist nicht besonders lang. Dennoch
warte ich bereits seit zwanzig Minuten. Warum? Weil sowohl der
Economy- als auch der Businessschalter der Lufthansa von ein
und derselben Dame bemannt werden. Jedes Mal, wenn ein Vielflieger auftaucht, steht sie auf. »Sorry, den muss ich zuerst.«

Als ich mein Gepäck endlich aufgeben darf, bemerke ich,
dass die Dame eine Uniform von Germanwings trägt, obwohl
dies ein knallgelber Lufthansaschalter ist. Mit wem fliege ich hier
eigentlich? Gebucht hatte ich Lufthansa. Aber das ist heutzutage kein Garant für nix mehr. Der Konzern hat inzwischen die
Marken Lufthansa, Lufthansa City Line und Germanwings im
Angebot, vermutlich noch weitere, wer weiß das schon. Es ist ein
ziemliches Markenkuddelmuddel. Egal, Hauptsache irgendwer
bringt mich nach Hause.

Ich haste zum Gate. Dort sehe ich, dass ich mich nicht hätte
beeilen müssen. Das Boarding für LH 1985 von Köln nach München hat noch nicht begonnen, obwohl es schon Zeit wäre. Deshalb suche ich nach etwas zu lesen. Aber es ist Sonntagvormittag
und es hat sich offenbar noch niemand bemüht, Zeitungen aus-
zulegen.

Dann vielleicht einen Pappbecher mit Automatenkaffee?
Gab es früher bei der Lufthansa (Germanwings? City Line?).

Am Kölner Terminal 1 gibt es jedoch nur Beton und eine trostlose Sitzecke. Wie ich später herausfinden werde, offeriert die Airline Getränke ausschließlich in Frankfurt und München. Wer anderswo startet, muss sich eine Caprisonne einpacken.

Wir steigen ein. Der Flieger ist überbucht, weil der darauf folgende Flug gecancelt wurde. Nachdem ich Platz genommen habe, passiert erst einmal nichts. Irgendwann beginnt eine nervöse Stewardess, den Gang auf- und abzulaufen, mit einem Handzähler, der vernehmlich klickt.

»Guten Morgen, hier spricht Ihr Kapitän. Wir haben eine Person zu viel an Bord. Wir können erst starten, wenn dieser Passagier ausgestiegen ist.«

Unruhe macht sich breit. Ich muss lachen.

»Was ist?«, fragt mein Nachbar.

»Ich hatte vor einigen Wochen schon so einen überbuchten Flug, auch in Köln. Da hat es eine Viertelstunde gedauert, bis sie den Typen gefunden hatten«, sage ich.

Diesmal dauert es deutlich länger. Die Stewardessen rennen ratlos hin und her, mit Papierausdrucken in der Hand. Sie fragen einzelne Leute, wie sie heißen, lassen sich Tickets zeigen. Das Ganze folgt keiner erkennbaren Systematik. Inzwischen sind wir fast eine Stunde hinter der Zeit.

Mir fällt auf, dass die Stewardessen keine blau-gelben Uniformen tragen. Es handelt sich jedoch auch nicht um die brombeerfarbenen von Germanwings. Mit wem fliege ich hier eigentlich? Mein Blick fällt auf die Safetycard in der Sitztasche. Darauf steht: Augsburg Airways.

Irgendwann erklärt man uns, wir könnten starten. Aussteigen musste niemand, der blinde Passagier war wohl ein Phantom. Der angesäuerte Kapitän weist darauf hin, dass da ein Fehler passiert sei. Den habe, darauf legt er Wert, das Bodenpersonal zu verantworten.

Mit anderthalb Stunden Verspätung landen wir. Die nächsten Stunden kann ich mich nur wie ein sterbender Taschenkrebs vorwärtsbewegen, denn die vor einigen Jahren in allen Lufthansa-Germanwings-Augsburg-Airways-Maschinen installierten Slimsitze von Recaro gehören zu dem unbequemsten, was man als Reisender in Sachen Bestuhlung erdulden muss.

Einige Wochen später muss ich nach Frankfurt. Ich nehme den Zug. Das Ticket buche ich mit meiner neuen Bahncard-Kreditkarte. Anders als bei der Lufthansa-Kreditkarte muss ich deswegen keine Strafzahlung leisten. Außerdem kann ich die Statuspunkte für ein Upgrade nutzen. Das geht bei Miles & More theoretisch auch, nach mehreren Entwertungen und Prämienverteuerungen haben die Kranichpunkte inzwischen jedoch eine ähnliche Kaufkraft wie das südsudanesische Pfund. Das Bahnbonus-System hingegen ist der Schweizer Franken unter den Loyaltyprogrammen. Mehrfach im Jahr kann ich es mir leisten, von der Zweiten in die Erste Klasse upzugraden.

Die Anzeigetafel im Münchner Hauptbahnhof sagt, mein Zug werde pünktlich sein. Weil ich noch Zeit habe, besuche ich die Bahnlounge. Kaum habe ich mich hingesetzt, fragt mich eine Kellnerin, ob ich etwas trinken möchte.

»Einen schwarzen Tee, bitte.«

Kurz darauf bringt man mir ein ganzes Teeservice: Porzellankännchen, Designertasse, Ablage für den Teefilter, Milch, Zitrone, brauner Kandis. So etwas gibt es bei der Lufthansa höchstens in der Senatorenlounge.

Als ich etwas später in einem sehr bequemen Ledersessel gen Frankfurt rase, dämmert es mir: Jahrelang habe ich mich über die Bahn aufgeregt. Aber zumindest in ihren guten Momenten bekommt der Staatskonzern inzwischen ein Serviceerlebnis hin, das um Längen besser ist als das, was die Lufthansa abliefert.

Häufige Verspätungen, verpeiltes Personal, kein Fünkchen persönlicher Service, unklare Zuständigkeiten – früher waren das unverkennbare Merkmale der Deutschen Bahn. Nun charakterisieren sie die Lufthansa viel besser.

Mir scheint, dass die Lufthansa die neue Bahn ist.

Keine PIN, kein Pkw

Ist das Internet nicht großartig? Ich möchte einige Tage durch Irland fahren. Vor fünfundzwanzig Jahren wäre es schwierig gewesen, für dieses Unterfangen von Deutschland aus einen Mietwagen zu buchen. Damals! Heute reserviere ich von meinem Schreibtisch aus bei Europcar. Ich bezahle das Auto im Voraus, per Kreditkarte – Klick, Zack, Peng. Jetzt muss ich es nur noch in Dublin abholen.

Einige Wochen später versuche ich genau das. Nachdem ich lange in der Schlange gestanden habe, zeige ich dem Mann hinter der Theke meine Reservierung.

»Alles klar, Mister König. Bräuchte ich nur noch die Kreditkarte, für das Sicherheitsdeposit.«

Ich reiche ihm meine Karte. Er liest sie ein und sagt: »Jetzt bitte die PIN eingeben.«

»Was für eine PIN?«, frage ich. Mir war bis gerade eben nicht bewusst, dass meine Visa überhaupt eine hat. Ich habe mit der Karte bereits Hotelzimmer, mehrgängige Abendessen und auch einen gewissen Europcar-Mietwagen bezahlt. Nie wollte jemand ein Nümmerli.

»Ohne PIN kann ich ihnen das Fahrzeug nicht geben«, sagt der Europcar-Mann. Es folgt ein langes und fruchtloses Gespräch darüber, dass laut den Geschäftsbedingungen von Europcar Irland bei Kreditkarten mit »Chip & PIN«-Funktion letztere stets einzugeben sei. Das sei in Dublin übrigens bei allen Autovermietungen so.

Ich rufe die deutsche Europcar-Hotline an. Der Mitarbeiter am anderen Ende sagt: »Oh weh, Sie Armer. Ich wüsste auch nicht, was meine Kreditkarten-PIN ist.«

Der Agent hängt mich in die Warteschleife, um das mit seinem Vorgesetzten zu klären. Als er zurückkehrt, ist jegliches Verständnis aus seiner Stimme gewichen: »Wir können da nichts machen.«

»Aber ich habe das Fahrzeug doch in Deutschland gemietet«, erwidere ich.

»Sie müssen das bitte mit Irland klären.«

Ich rede also weiter auf den Mann von Europcar Dublin City Centre ein, vergeblich – no PIN, no wheels. Wie ich denn meine bereits gezahlten 270 Euro wiederbekomme, frage ich.

»Das müssen Sie mit Deutschland klären. Da haben Sie ja gezahlt.«

Wer derlei Kleinstaaterei betreibt, sollte vielleicht über einen anderen Firmennamen nachdenken als ausgerechnet Europcar. Genervt fahre ich mit dem Taxi zur nächsten Hertz-Filiale, wo man mir für 400 Euro ein Auto gibt – ohne Schlangestehen und vor allem ohne PIN.

Zurück daheim schreibe ich an Europcar. Ich hätte gerne meine 270 Euro zurück, außerdem die 130 Euro Differenz für den Wagen des Mitbewerbers. Ach ja, und die neun Euro fürs Taxi wären auch nett.

Europcar antwortet, man bedaure »die Unannehmlichkeiten, die bei der Reservierung des Fahrzeuges in Dublin entstanden sind.« Zuständig sei aber Europcar Irland. Dass ich das Fahrzeug über die deutsche Europcar-Seite gemietet habe, zählt offenbar nicht.

Was soll man von derlei Geschäftsgebaren halten? Ich will es mit einer Analogie versuchen. Stellen Sie sich vor, Sie reservieren in einem Restaurant, und zwar online. Sie müssen Ihr Wiener Schnitzel im Voraus bezahlen. Obwohl Ihnen das seltsam vorkommt, begleichen Sie den geforderten Betrag per Kreditkarte.

Am Abend gehen Sie in das Restaurant. Der Kellner kommt mit einer silbernen Cloche, unter der sich das knusprige Schnitzel verbirgt. Statt den Deckel zu lüften, sagt er: »Erst Sicherheitsdeposit. Falls Sie die Tischdecke vollsauen.«

Erneut zücken Sie Ihre Kreditkarte. Aber diesmal möchte der Kellner gerne Ihre PIN, von der zuvor nie die Rede war. Als sie die nicht vorlegen können, trägt er das Schnitzel zurück in die Küche. Und das Geld? Der Kellner zuckt mit den Achseln. Da könne er leider nichts für Sie tun.

Nach dem Gerechtigkeitsempfinden der meisten Menschen wäre so etwas Betrug. Im Falle des seltsamen Restaurants würde man vielleicht sogar eine Masche dahinter vermuten.

Aber zurück zu Europcar Deutschland. Das Unternehmen meldet sich nach einigen Tagen zurück. Man habe bei Europcar Irland nachgehakt. Meine 270 Euro seien leider futsch. Das mit der PIN stehe nämlich in den irischen Vertragsbedingungen. Dummerweise bekommt man die auf Europcar.de während des gesamten Buchungsvorgangs zu keiner Zeit zu Gesicht.

Die Europcar-Pressestelle möchte sich zu der Sache nicht äußern, da der Fall »noch nicht abgeschlossen« sei.

Das lässt hoffen – klang das letzte Mail aus dem Kundenservice doch recht endgültig: »Europcar Irland hat Ihren Wunsch nach der Erstattung des im Voraus gezahlten Betrages abgelehnt. (…) Wir bedauern, keinen positiven Bescheid geben zu können.«

Wenn Wolverine die Koffer verlädt

Ich fliege nach Sevilla. Da wollte ich immer schon hin, und Iberia hat gerade einen saugünstigen Flug im Angebot, via Madrid. Das Ticket ist dermaßen billig, dass ich mir gleich noch einen neuen Rimowa-Hartschalenkoffer leiste. So einen wollte ich ebenfalls schon immer, denn die Dinger sind einfach unverwüstlich.

Vor dem Abflug checke ich mein nagelneues Gepäckstück ein. Aber als ich einige Stunden später in Sevilla am Band stehe, taucht der Rimowa nicht auf. Ich gehe zum Lost-Luggage-Counter, wo man mir jedoch nichts sagen kann. Die Mitarbeiterin händigt mir lediglich eine Hotlinenummer aus, an die ich mich am folgenden Tag wenden soll.

Am nächsten Morgen rufe ich dort an.

»Guten Tag, ich suche meinen Koffer, Baggage Tag 2728-2727.«

»Einen Moment«, sagt die Servicedame, »sieht so aus, als wäre der noch in Madrid.«

Sie verspricht, den Rimowa so schnell als möglich in mein Hotel liefern zu lassen.

Eigentlich wäre diese Koffer-Verzögerung eine gute Ausrede, neue Klamotten zu kaufen, vielleicht etwas mit Lokalkolorit. Ein andalusisches Flamencokleid erscheint mir zu gewagt, aber vielleicht ein Torero-Outfit? In einem Souvenirshop sehe ich eines. Es soll nur 199 Euro kosten, mit Kniebundhosen, kurzem Jäckchen und Hut. Verlockend, keine Frage – aber noch hoffe ich, dass der Koffer kommt.

Als ich abends ins Hotel zurückkehre, winkt mir der Portier zu.

»Señor König, ihr Koffer ist … äh … «

»Er wurde geliefert?«

»Ja. Wir haben ihn entgegengenommen und auf Ihr Zimmer … äh … gebracht«, sagt der Portier. Er macht dabei ein Gesicht, das schwer zu deuten ist. Will er vielleicht Trinkgeld?

Egal – ich möchte zunächst den verlorenen Sohn in Augenschein nehmen und begebe mich aufs Zimmer. Vor dem Bett steht ein Koffer. Die gute Nachricht: Es ist meiner. Die schlechte: Er sieht aus, als ob Wolverine und der Unglaubliche Hulk daran ihr Mütchen gekühlt hätten. Ein zwanzig Zentimeter langer Riss verunziert die Oberseite – er ist so tief, dass ich durch die Hartschale meine Unterwäsche sehen kann. Überall gibt es nach innen gewölbte Beulen und starke Abschürfungen, ferner mehrere Durchbrüche ins Kofferinnere. Der Griff auf der Oberseite wurde abgerissen.

Mir läuft es kalt den Rücken runter. Was muss man mit solch einem superrobusten Rollenkoffer anstellen, um den kompletten Griff abzukriegen?

Als ich einige Tage später wieder zu Hause bin, verfasse ich eine Beschwerde-E-Mail und schicke es, nebst Fotos meines Ex-Koffers, an Iberia. Die Fluglinie antwortet, bevor man den

Fall bearbeiten könne, müsse ich zunächst das »Formular über Unregelmäßigkeiten am Gepäckstück« ausfüllen.

Das ganze Gepäckstück ist unregelmäßig, seit es bei Iberia in der Mangel war, aber sei's drum. Ich reiche die gewünschten Unterlagen ein.

Iberia schreibt zurück, da könne man nix machen und nix zahlen. Weil:

»In diesem speziellen Fall wurde die Art des Schadens an ihrem Gepäckstück als ›normale Gebrauchsspuren‹ klassifiziert. Da es die Funktion der Ummantelung ist, den Inhalt zu schützen, ist es unmöglich, den Koffer vor Schäden dieses Typs zu schützen.«

Schön, endlich einmal erklärt zu bekommen, wie Gepäck geht. Dass das Drumherum bei so einem Kofferdings das Innendrin schützen soll – hätten Sie's gewusst? Also ich nicht.

Auch über den Umstand, dass das Drumherum den Elementen quasi schutzlos ausgeliefert ist, hatte ich noch nie nachgedacht. Und wissen Sie, warum das so ist? Weil das Drumherum **außen** liegt und nicht innen. Innendrin haben es die T-Shirts und Socken schön muckelig, während die arme Polycarbonatummantelung, also das Drumherum, sich den Fährnissen des Lebens stellen muss – zum Beispiel Gepäckverladern mit Kettensäge, Schrotflinte oder Samurai-Schwert.

Kettensägen-Gebrauchsspuren finden sie nicht normal? Iberia schon, und das zu Recht. Denn was ist bitte schon normal? Normal ist, das muss man an dieser Stelle einfach mal sagen, ein Kampfbegriff gesellschaftlich Rückständiger. Beispiel jetzt: Wenn ich mir in Sevilla das Flamencodress gekauft hätte und damit nun durch München stöckelte, mit Conchita-Vollbart und Toreromütze, wäre das dann abnormal? Nein, es wäre eine Form von Normalität. Das nennt man Diversity – wir leben schließlich im 21. Jahrhundert.

Ergo kann man auch argumentieren, ein klaffendes Loch in einem Rimowakoffer sei eine normale Gebrauchsspur – Baggage Diversity, quasi. Alles eine Frage des Standpunktes.

So gesehen ist es rückwärtsgewandtes Spießertum meinerseits, Iberia zu antworten, dass ich trotz aller Diversity gerne 379 Euro für den Scheißkoffer hätte. Die Fluglinie findet dieses philiströse Beharren auf überkommenen gesellschaftlichen Wertvorstellungen derart ätzend, dass sie nicht zurückschreibt. Auch die Pressestelle reagiert nicht.

Also beschließe ich, so richtig petit bourgeois zu werden und drohe mit dem Anwalt. Sehr unhip, ich weiß. Die Coolness ist auf Iberias Seite, aber ich kriege nach einigen Wochen einen Scheck. Vielleicht kaufe ich mir davon ein schönes Flamencokleid.

Ist der Flug erst annulliert, lebt sich's gänzlich ungeniert

Gegen Mittag kommt die erste SMS: »Sitzplatzänderung wegen Fluggerätewechsel für LH 2045 TXL-MUC«. Es folgen drei weitere, im Halbstundentakt. Unter den vielen Wechseln scheint das Fluggerät gelitten zu haben. Die fünfte SMS teilt mir nämlich mit, dass LH 2045 annulliert wurde, zweieinhalb Stunden vor Abflug, am Tag vor dem 3. Oktober. Ich fahre sofort zum Flughafen Berlin-Tegel und versuche, mich umbuchen zu lassen. Die

Dame am Lufthansa-Checkin zuckt mit den Achseln. »Ich kann Sie höchstens für den nächsten auf die Warteliste setzen.«

»Und meine Chancen?«

»Morgen ist Feiertag«, sagt sie, als erkläre das alles.

»Und wenn ich da nicht mitkomme?«, frage ich.

»Kann ich sie auf die Warteliste für den nächsten setzen lassen.«

Es wird auf Folgendes hinauslaufen: Ich stehe dreimal auf der Warteliste und erfahre dann gegen 21.30, dass ich in Berlin bleiben darf. Klingt nicht nach einer Lösung. Ich eile zum Counter von Air Berlin.

»Haben Sie noch was nach München?«

»Ja, in der nächsten Maschine«, sagt die Schalterdame.

Ich kaufe ein Ticket, einfache Strecke, für coole 441 Euro. Danach gehe ich in die Lufthansa-Lounge. Wenn die meinen Flug annullieren, fresse ich jetzt zumindest sämtliche Frankfurter und Gummibärchen auf.

In der Lounge erklärt mir ein Mitarbeiter, die Umbuchung zu Air Berlin hätte eigentlich von Lufthansa durchgeführt und bezahlt werden müssen. »Ist wohl was schief gelaufen. Reichen Sie einen Rückerstattungsantrag ein.«

Mache ich. Am nächsten Tag versuche ich es zunächst über das Suchfeld auf der Lufthansa-Seite und gebe dort »Rückerstattung« ein. Unter den Ergebnissen ist ein Treffer namens »Wie kann ich meinen Flugschein erstatten lassen?« Dort folgt eine detaillierte Erklärung, wie man bereits gebuchte Flüge stornieren kann.

Hallo, Lufthansa, Du betrunkener Kranich: Ich will keinen Flug stornieren. Ihr habt meinen Flug storniert.

Als nächstes probiere ich die Buchungsübersicht im Kundenmenü. Aber dort ist es nicht möglich, einen bereits in der

Vergangenheit liegenden, annullierten Flug auszuwählen und online eine Rückerstattung in Auftrag zu geben.

Bleibt noch die Rubrik »Feedback«. Dahinter verbirgt sich ein Kontaktformular. Zunächst muss man aus einem Pulldown sein Anliegen auswählen. Optioniert man für »Miles & More« oder »Bodenservices«, erscheint ein Kästchen, in das man seinen Text tippen darf. Wählt man aus dem Menü hingegen »Passagier-Rückerstattungen« aus, verschwindet das Kästchen – Nachricht eingeben nicht möglich.

Stattdessen erscheint ein Text, nebst Link: »Bitte folgen Sie den Hinweisen auf der folgenden Seite, um eine Erstattung Ihres Flugscheins anzufordern.« Klick. Nun lande ich wieder auf der Hilfeseite, die erklärt, wie man seinen Flug stornieren kann.

Vielleicht denke ich zu kompliziert? Ich schreibe eine E-Mail an service@lufthansa.com. Kurze Zeit später kommt eine automatisierte Antwort: »Delivery to recipient failed permanently«. Aha. Kein Service @ Lufthansa.

Die korrekte Adresse lautet übrigens customer.relations@lufthansa.com. Sie ist nirgendwo verzeichnet. Ihre »Veröffentlichung … ist jedoch zusätzlich in Vorbereitung«, wie die Pressestelle mitteilt.

An diese Adresse schreibe ich und bekomme nun eine automatisierte Antwort mit einer Vorgangsnummer und dem Hinweis, dass es derzeit gerade etwas länger dauert. Viel länger: Trotz weiterer Nachfragen passiert acht Wochen lang nichts. Grund dafür seien die vielen streikbedingten Flugausfälle, erklärt die Pressestelle.

Erst, als ich die Kommunikationsabteilung der Lufthansa erneut mit meiner Geschichte konfrontiere, sichert man mir die Erstattung des Air-Berlin-Tickets zu. Und nun meldet sich, Potzblitz und Donner, plötzlich auch der bereits sanft entschlafen geglaubte Servicedesk und bucht den annullierten Flug auf meine Kreditkarte zurück.

Wäre dies auch Normalokunden so ergangen, die nicht mit dem Presseausweis wedeln können? Man weiß es nicht. Was ich als Vielflieger allerdings weiß, das ist Folgendes: Die Lufthansa hat eine in toto ausgezeichnete Webseite. Ferner funktionieren ihre digitalen Services stets einwandfrei, von der Handy-Bordkarte bis zum Verspätungsalarm. Ich würde soweit gehen, die Lufthansa im Vergleich mit anderen europäischen Fluglinien in dieser Hinsicht als vorbildlich zu bezeichnen.

Und solch ein digitaler Vorreiter bekommt es nicht hin, eine Seite für Onlinerückerstattungen zu bauen, die den Kunden ans Ziel bringt? Really?

Auf nochmalige Nachfrage erklärt die Pressestelle das fragliche Formular sei in der Tat fehlerhaft. »Wir sind aktuell dabei, dies anzupassen, damit der Nutzer auf die gewünschten Seiten gelangen kann.«

Na dann ist ja alles gut.

WER HIER SHOPPT, BRAUCHT GUTE NERVEN

Der Geruch der Verzweiflung

Bei Zara Home riecht es blumig – sehr blumig. Liegt es an den Gestecken mit Holunderblüten, die überall herumstehen? Nein, es ist eher ein Lavendel-Odeur der mir in die Nase steigt, mit einer Kopfnote von Lemongrass. Der Holunder, fällt mir nun auf, ist aus Plastik.

Ein Gespenst geht um im Einzelhandel, und es riecht komisch. Eine wachsende Zahl von Geschäften beduftet ihre Räumlichkeiten. Am berüchtigtsten sind die Geschäfte von Abercrombie & Fitch, deren Duftwolken ganze Einkaufsstraßen verpesten, aber viele andere haben inzwischen nachgezogen.

Selbst wenn einem kein olfaktorischer Orkan entgegenweht, wurde meist trotzdem etwas gemacht. Experten unterscheiden zwischen bewussten und unbewussten Ladenparfüms. Die Münchner BMW Welt beispielsweise verwendet einen unbewussten Duft, er ist so dezent, dass ihn die Besucher nicht wahrnehmen. Die Hotelkette Le Méridien setzt eine Kreation namens LM01 ein, die nach Zedernholz und Zigarren riecht; im Sheraton kommt eine Mischung aus Feige, Bergamotte und Jasmin zum Einsatz.

Viel frequentierte Orte ein bisschen zu parfümieren, macht möglicherweise Sinn, weil Menschen, nun ja, stinken. Aber der eigentliche Grund dafür, dass Unternehmen uns andauernd etwas auf die Nase geben, ist ein anderer: Sie glauben, dass Raumbeduftung den Umsatz steigert.

Diese Theorie wird inzwischen überall munter in die Praxis umgesetzt – stichhaltige Beweise dafür, dass dieses simple Stimulus-Response-Schema tatsächlich funktioniert, gibt es jedoch kaum. Shopping-Parfüms basieren, wie so vieles im Marketing, nicht auf Wissenschaft, sondern auf Wunschvorstellungen.

Man muss dem Konsumäffchen nur ein bisschen Fresienduft in die Nase sprühen und schon geht es einkaufen? Wohl kaum. Laut Hanns Hatt, Duftexperte und Professor für Zellphysiologie, gibt es nicht allzu viele Studien, die die Umsatzhypothese stützen.

Unbestritten ist, dass Düfte irgendetwas mit uns anstellen. Sie wirken aufs limbische System und den Hippocampus, vermutlich machen sie sogar ganz außergewöhnliche Dinge mit uns. Vielleicht verführen sie uns zu Sex oder wirken auf unsere Träume. Aber lassen Sie uns auch zu enge, verwaschene Polohemden mit hässlichen Aufnähern kaufen?

Vermutlich nicht. Wie bei so vielem, was aus dem Marketing kommt, haben wir es auch hier mit Simplifizierung und Verallgemeinerung von Einzelerkenntnissen zu tun. Um die Duftmarketinglogik zu illustrieren, ein Beispiel: Wissenschaftler des Le Moyne College in Syracuse zeigten Frauen die Silhouetten verschiedener Männer. Sie fragten, welche der gezeigten Umrisse attraktiv seien. Wurde Zitronenduft versprüht, wirkten die Silhouetten auf Frauen eher feminin, bei Zwiebelgeruch hingegen eher maskulin.

Ein Duftmarketer würde daraus wohl folgern, dass sich Männer vor dem nächsten Diskobesuch mit Zwiebel einreiben sollten. Das ist zwar Unsinn, aber möglicherweise ein gutes Geschäft, wenn man Eau d'oignon verkauft.

Ich persönlich empfinde vor allem die bewussten Düfte als Abtörner. Früher kaufte ich häufig bei der italienischen Modemarke Massimo Dutti ein. Als ich vor einigen Monaten deren Münchner Filiale betrat, blähten sich meine Nüstern voller Entsetzen: Ein stark an Klostein erinnernder Geruch schlug mir entgegen. Hals über Kopf ergriff ich die Flucht. Seitdem habe ich den Laden nie wieder betreten.

Persönliche Vorlieben beiseite: Es gibt auch Studien, die darauf hindeuten, dass bestimmte Düfte den Absatz eher hemmen als fördern. So untersuchten Wissenschaftler der belgischen Hasselt-Universität, wie sich der Geruch von Schokolade auf das Einkaufsverhalten in Buchläden auswirkt. Zahlreiche Medien titelten daraufhin »Schokoduft steigert Buchabsatz«, aber das ist nur die halbe Wahrheit. Der Kakaogeruch, so die Forscher, habe dazu geführt, dass der Absatz von Romance-Literatur leicht angestiegen sei. Gleichzeitig schmähten die derart beduften Konsumenten jedoch das umsatzstärkste Buchsegment Krimi & Thriller.

Warum setzen trotz der eher dürftigen Faktenlage derart viele Einzelhändler auf Bedufterei?

Vermutlich aus nackter Panik. Der Einzelhandel ist durch das Internet in seiner Existenz bedroht. Er wird sich grundlegend ändern müssen, um überleben zu können. Alles muss hinterfragt, alles muss auf den Kopf gestellt werden.

Das ist verständlicherweise etwas, das niemand gerne tut. Und wenn einem in dieser Situation jemand verspricht: »Du musst Dich nicht neu erfinden. Ein bisschen Zimt und Kardamom tun es auch«, dann probiert man natürlich lieber erst einmal das.

Helfen wird es nichts. Der Onlinehandel wird auch in diesem Jahr wieder sensationelle Wachstumsraten verbuchen. Und das, obwohl das Internet völlig geruchsneutral ist. Duftmarketing ist kein Umsatzgarant; Duftmarketing ist der Geruch der Verzweiflung.

Servicedesaster im Autohaus

Gerne hätte ich meinen Golf, Baujahr 2001, bis zum Sankt Nimmerleinstag gefahren. Aber mit inzwischen drei Kindern brauchen wir einen Minivan.

»Komm, wir gehen gucken, bei VW und Mercedes«, sage ich zu meiner Frau Tanja.

»Wird man da nicht sofort von einem Verkäufer zugequasselt?«, fragt sie.

Ich lache. »Da wäre ich unbesorgt.«

Wie prognostiziert, können wir sowohl bei VW als auch bei Mercedes gänzlich unbehelligt die Fahrzeuge begutachten. Ab und zu linst ein Verkäufer verstohlen zwischen den Gummipalmen und Stellwänden hindurch. Aber das war es auch schon.

Am Abend zeigt Tanja mir im Internet einen Toyota, den sie gerne Probe fahren würde. Ich gehe auf die Webseite eines nahegelegenen Händlers und fülle dort das Testfahrtformular aus. Drei Tage vergehen, keiner meldet sich. Ich rufe den Händler an. Von meiner Onlineanfrage weiß man nichts, gibt mir aber am darauffolgenden Tag einen Termin für 12.30 Uhr.

Als Tanja und ich zur vereinbarten Zeit auftauchen, müssen wir erstmal warten. Dann taucht ein gegelter junger Herr in zu engem Einreiher auf und führt uns in eine Sitzecke. Er hat nichts vorbereitet, weswegen er eine Viertelstunde damit verbringt, Formulare auszudrucken und den Autoschlüssel zu suchen.

»Gleich ham mer's«, sagt er.

Ein voreiliges Versprechen – draußen muss er zunächst die Nummernschilder anbringen und einen vor unserem Testwagen parkenden Pkw umsetzen. Letzteres erweist sich als diffizil, da die Batterie leergelutscht ist. Als alle Hindernisse beseitigt sind, ist unsere Mittagspause fast vorbei.

Wir fahren ein bisschen, lustlos. Ich gebe meiner Frau zu verstehen, dass ich den Wagen nicht übel finde. Sie blafft: »Ich hab nach dieser Scheißnummer keinen Bock mehr auf das Auto.«

Als nächstes versuchen wir es bei Opel. Im Verkaufsraum springt uns der Zafira Tourer ins Auge. In Vollausstattung soll er 38.000 Euro kosten, was mir ein bisschen teuer vorkommt. Das sind ja Preise wie beim Mercedes-Gebrauchtwagenhändler!

»Den finde ich gut«, sage ich zu dem Verkäufer, einem hageren Typ in einer abgewetzten Softshelljacke, »aber etwas oberhalb meines Budgets.«

Er nickt. »Wie viel steht zur Verfügung?«

»25.000«.

Der Verkäufer lächelt triumphierend. »Da habe ich genau das Richtige für sie!«

Nun führt uns die Softshelljacke in den hinteren Teil der Halle. Dort steht ein Minivan, der vom Design meinem alten Golf ähnelt.

»Ist das ein Gebrauchter?«, frage ich

»Nein, nagelneu! Das ist der Opel Zafira.«

Verwirrt? Ich auch. Der Verkäufer erklärt mir, es gebe zwar einen neuen Zafira, gleichzeitig werde der alte Zafira jedoch weiterproduziert. Und die neuen Alt-Zafiras gebe es bereits für 25.000 Euro.

»Und das Beste: Sie können den sofort haben, Tageszulassung. Ich rechne mal scharf«, er zwinkert, »damit sie einen Superpreis kriegen.«

Er verzieht das Gesicht, so als koste ihn das jetzt sehr viel Überwindung: »22.500 Euro«.

Während ich noch überlege, ob Tageszulassung nicht bedeutet, dass die Möhre schon seit Monaten irgendwo auf dem Hof steht, winkt meine Frau ungeduldig. Tanja steht bereits vor der Tür, Smartphone in der Hand.

»Der will uns verarschen. Hier, Opel Zafira, Vorgängermodell, Tageszulassung, im Netz für 16.000.«

Tanja gibt noch nicht auf. Sie hat sich auf den Zafira (den neuen Neuen) eingeschossen und kontaktiert deshalb einen anderen Opel-Händler, zwecks Preisanfrage und Testfahrt. Der Verkäufer verspricht, sich baldigst zu melden. Aber es kommt nichts. Meine Frau schreibt ihm nach drei Tagen eine Erinnerungsmail – ohne Erfolg.

In der Zwischenzeit konfiguriere ich bei Autohaus24, einem Vermittlungsportal, meinen Wunsch-Zafira. Das Neufahrzeug soll dort mit ordentlicher Ausstattung 22.130 Euro kosten. Das entspricht einem Rabatt von 27,9 Prozent und ist weniger, als Opel offline für das gebrauchte Vorgängermodell wollte.

Wir beschließen, unser erstes Auto online zu kaufen.

Tags darauf ruft Opel-Händler Nummer Zwo zurück. Wegen der Angebote. Ich erkläre ihm, dass wir inzwischen anderswo fündig geworden sind.

»Oh«, sagt er. »Ich wusste nicht, dass es so dringend ist.«

Der Kundenservice des Onlineportals hingegen ruft stets sofort zurück und ist auch sonst auf Zack. Autohaus24 findet für mich einen Händler, der den Zafira zum vereinbarten Preis liefert. Das Portal gehört zur Sixt-Gruppe, keine Ferkelstecher also, dennoch bin ich nervös. Was, wenn der Wagen nicht in Ordnung ist?

Die Sorge erweist sich als unbegründet. Zum vereinbarten Termin steht das Fahrzeug zur Abholung bereit, tadellos und wie bestellt.

Das Erlebnis lässt mich ratlos zurück. Ich hatte Kontakt mit insgesamt fünf Autohäusern. Zwei ignorierten mich, zwei behandelten mich schlecht, ein weiteres versuchte, mich über den Tisch zu ziehen.

All das wäre wenig verwunderlich, schrieben wir das Jahr 1994. Aber wir haben 2016. Hallo, Autohändler? Falls Ihr es noch nicht gemerkt habt: In diesem Internet gibt es exakt dasselbe Produkt wie bei Euch, mitunter zu erheblich besseren Konditionen und vor allem ganz ohne nervige Feilscherei.

Schnäppchennase an, Gehirn aus

»Sammeln Sie die Punkte?« Darauf antwortete ich früher stets
mit »Nein«. In dieses »Nein« legte ich die größtmögliche Ver-
achtung. Wenn ich irgendetwas hätte sammeln wollen, wäre ich
schließlich Eichhörnchen geworden.

Ja, damals! Heute erinnere ich die Kassiererin daran, dass sie
mir noch Bonuspunkte schuldet. Diese grauenvolle Verwand-
lung begann, als Rewe das Stickeralbum »Unsere Erde« heraus-
brachte. Mein Sohn Toni war von den Tieraufklebern und dem
dazugehörigen Buch begeistert. Fortan kaufte ich deshalb nur
noch bei Rewe ein, der Punktemaximierung wegen. Mir blieb
auch kaum etwas anderes übrig: Kam ich mit Tüten voller Essen
jedoch ohne Aufkleber nach Hause, schimpfte mich Toni einen
Rabenvater.

Ich fühlte mich dabei wie jenes Konsumäffchen, das ich nie
sein wollte. Ich war nun einer von diesen Dämlacken, die sich
mithilfe fadenscheinigster Marketingtricks steuern lassen: »Du
Affe kriege Banane. Dafür Shoppi mache bei Rewe.«

Dennoch redete ich mir ein, dass ich es nur der Kinder wegen
tat, schluckte meinen Stolz herunter und sammelte weiter. Auf
»Unsere Erde« folgten »Unsere Wunderwelt« und »Unser
Deutschland«. Wir haben inzwischen genug Stickerdoubletten,
um den Flur damit zu tapezieren. Was? Ihnen fehlt noch Glitzer-
sticker Nr. 137, der geringelte Nacktnasenwombat? Beherrschen
Sie sich, und schreiben Sie mir bloß keine Bettelmail.

Die Sache mit den Kindern war natürlich eine Ausrede. Ich
belog mich selbst, wollte mir meine Sammelsucht nicht einge-
stehen. Und dann ging es richtig abwärts. Nachdem die Dealer
mich mit Pfauenaugen (Nr. 194) und Grand-Canyon-Panoramas

(Nr. 121–124) angefixt hatten, begann ich, mir härteres Zeug reinzuziehen.

Bevor ich mich versah, steckte in meinem Portemonnaie ein neues Bonusheftchen. Man konnte kleine Bapperl mit einem Logo der Messerschmiede Zwilling hineinkleben. Als Prämie winkten »*****FIVE STAR Messer mit FRIODUR® und SIG-MAFORGE®«.

Wäre mein Verstand nicht so verkleistert gewesen, hätte ich vielleicht etwas geahnt. Aber ich war bereits derart kretinisiert, dass ich brav zu sammeln begann. Ich entblödete mich nicht einmal, meiner Frau Tanja stolz das vollgeklebte Heftchen zu zeigen.

»Und jetzt?«, fragte sie.

»Bekomme ich ein Messer«, sagte ich stolz. »Von Zwilling.«

Sie runzelte die Stirn. »Umsonst?«

»Nein, kleine Zuzahlung.«

»Aber wir haben doch haufenweise Messer«, entgegnete Tanja.

Als passionierter Hobbykoch besitze ich in der Tat etliche – Chefmesser, Sushiklingen, Filetierwerkzeuge. Aber einem Prämiensüchtigen zu erklären, dass er auch ohne Prämie glücklich wäre, ist bekanntermaßen sinnlos. Also trottete ich mit meinem Heftchen zu Rewe. Für schlappe 24,99 Euro Zuzahlung erwarb ich dort ein Santoku-Messer von Zwilling. Mit FRIODUR® und SIGMAFORGE®.

Mein ganz persönlicher Eindruck: Das Messer ist nicht mit den hervorragenden Produkten vergleichbar, die man sonst von der Firma aus Solingen gewohnt ist. Dünne Klinge, geringes Gewicht, Griff aus billig wirkendem Plastik – ein Premiumgefühl kommt bei mir da nicht auf, im Gegenteil.

Bei der Zwilling J. A. Henkels AG sieht man das anders: »Im Hinblick auf andere am Standort Solingen produzierte Zwilling-Messerserien existiert kein Unterschied in Bezug auf wesentliche qualitätsbestimmende Merkmale.« Santoku besäßen zudem immer eine relativ dünne Klinge. Und der von mir kritisierte Plastikgriff habe sogar einen Designpreis erhalten.

Apropos Preis: Laut Rewe-Webseite spart man durch den Santoku-Deal »78 Prozent« gegenüber dem Normalpreis von 78,50 Euro. Bei Amazon gibt es dasselbe Messer allerdings schon für 33,75 Euro. Dafür hat sich das Kleben nicht gelohnt.

Ich hätte folglich allen Grund, mich betuppt zu fühlen. Stattdessen bin ich Zwilling und Rewe sogar dankbar. Denn einige Tage später säbele ich mir mit dem Fünf-Sterne-Santoku beim Julienneschneiden ein ordentliches Stück Daumennagel nebst Fingerkuppe ab. Dieses Blutbad ist der »wake-up call«, den mein Gehirn gebraucht hat. Mir wird schlagartig klar, dass Treuepunkteaktionen immer noch Schwachsinn sind, auch wenn die Aufkleber neuerdings mit Glitzerhologrammen daherkommen und die Messer mit hochtrabenden Namen ausgestattet sind.

Wer trotzdem mitmacht, ist nicht nur dumm, sondern auch einfältig. Dumm, weil er brav genau das tut, was die Marketingfuzzis von ihm erwarten. Und einfältig, weil er meint, er werde für seine »Treue« tatsächlich »belohnt«.

Das virtuelle Handtuch

Dieses Jahr fahren wir nach Sankt Peter Ording. Mein Urlaubsplan lautet, drei Wochen keinen zu haben: am Strand liegen? Boccia spielen? Noch ein Eis essen? Weiß noch nicht. Über den Tagesablauf entscheidet in den Ferien nicht der Kalender, sondern das Lustprinzip.

Schon am ersten Tag ist das Wetter bombig. Wir gehen ans Meer. Dort möchte ich gerne einen Strandkorb mieten, doch es sind bereits alle besetzt. Als ich dies meiner Frau mitteile, nickt ein Korbinhaber in der Nähe mitfühlend.

»S'isch schwierig in dr Hochsaison«, schwäbelt er. »Mir hend vorhr online reserviert.«

Strandkorb online? Ich wusste nicht, dass das geht. Aber tatsächlich gibt es eine Webseite, auf der ich meinen Korb bereits lange vor Urlaubsbeginn hätte buchen können.

Am Abend gehen wir in das Restaurant unseres Hotels. Es ist sehr schön an der Promenade gelegen, durch die Fenster kann man Dünen und Meer sehen. Leider gibt es keinen Tisch mehr, alles längst vergeben. Die Kellnerin rät mir, telefonisch oder über die Webseite des Hotels zu reservieren. Sie deutet an, viele Stammgäste täten dies bereits lange vor ihrer Anreise, weil das Restaurant sehr beliebt sei. Als ich am kommenden Morgen beim Frühstück erscheine, ist meine Frau Tanja schon da. Sie guckt säuerlich.

»Was ist?«, frage ich.

»Ich wollte gerade im Wellnesszentrum eine Gesichtsbehandlung buchen. Aber für die nächsten zwei Wochen ist alles ausgebucht.«

Ich höre es bereits aus der Kommentarspalte tönen: »König, alte Pausbacke! Dass es in der Hochsaison brechend voll ist, sollte keinen verwundern.« Das ist korrekt, aber dennoch scheint mir, dass sich in den vergangenen Jahren ein neuer Kundentypus etabliert hat, ein Phänotyp, den man neudeutsch als Towel Consumer bezeichnen könnte.

Der Towel Consumer ist die moderne Entsprechung jenes Charakters, vor dem es britische Touristen einstmals gruselte: der selbst im Urlaub entsetzlich effiziente Teutone, der bereits um 7.30 Uhr die Sonnenliegen mit dem Handtuch reserviert.

Solange solche Reservierungsfanatiker als Planungsressource lediglich einen Frotteefetzen besaßen, war alles nicht so schlimm. Dank Internet, Cloud und Smartphone steht dem Towel Consumer nun jedoch mehr Rechenleistung zur Verfügung als dem Max-Planck-Institut für Plasmaphysik, und er setzt sie gnadenlos ein. Binnen Millisekunden weiß er, wer in Büsum oder Berlin der Topanbieter für Pizza, Fußmassage oder Minigolf ist. Mit einem Wisch reserviert er auf Wochen im Voraus. Er rollt sein virtuelles Handtuch großflächig aus – lange bevor Typen wie ich überhaupt entschieden haben, was sie zum Frühstück essen.

Wäre ich Restaurantbesitzer, versuchte ich ebenfalls, meinen Laden auf Monate rackezacke durchzubuchen. Inzwischen bieten einige Gastronomen ja sogar an, dass man bereits sein Menü vorab auswählt und bezahlt.

Das klingt alles wahnsinnig praktisch, vor allem für den Anbieter. Aber ist es guter Kundenservice? Ich denke nein. In Sankt Peter stellte sich bei mir eine gewisse Produktenttäuschung ein. Viele Angebote, die ich gerne in Anspruch genommen hätte, waren nicht (mehr) verfügbar. Wo ich auch hinkam, die Towel Consumers hatten bereits zugeschlagen.

Kontingente für Spontankonsumenten wären vielleicht eine Lösung, scheinen aber eher selten zu sein. Alles richtet sich auf die Handtuchfraktion aus, was aus betriebswirtschaftlicher Sicht leider logisch ist.

Postskriptum: Als wir aus dem Urlaub zurückkehren, ist unser Kühlschrank leer. Deshalb bestellen wir bei Münchens laut

Onlinerating bestem indischen Lieferservice. Ab 17 Uhr kann man dort sonntags anrufen, um 17:02 Uhr gebe ich meine Bestellung auf. Zwei Stunden später ist das Essen immer noch nicht da. »Viel los heute«, sagt der Mann vom Bringdienst auf Nachfrage.

Irgendwie bin mir ziemlich sicher, dass es wieder einmal an den Towel Consumers liegt. Die haben ihr Chicken Vindaloo via Lieferando-App vermutlich bereits vor dem Frühstück bestellt.

Schöner torkeln mit der Wellnessbrille

Gut vierzig Jahre lang ging es ohne. Aber nun, sagt der Doc, müsse eine Brille her. Das eine Auge ist kurz-, das andere weitsichtig. Bisher glich sich das irgendwie aus. Doch meine abnehmende Sehkraft führt dazu, dass ich nun nur noch mit einem Auge lese und, was viel beunruhigender ist, auch nur mit einem Auto fahre.

Mir ist bewusst, dass es im Internet haufenweise Billigbrillen gibt. Aber erstens geht es um mein Augenlicht. Zweitens habe ich gerade ein ungutes Gefühl, was E-Commerce angeht. Amazon, so las ich neulich, kaserniert im Weihnachtsgeschäft ausländische Saisonarbeiter und lässt sie von fiesen Securityglatzen bewachen – gruselig. Dafür können die Online-Brillenshops zwar nichts. Aber die Meldung ruft mir in Erinnerung, dass man Fachgeschäfte in seinem Sprengel unterstützen soll.

Drittens, und das ist letztlich ausschlaggebend, besaß ich noch nie eine Brille. Ich brauche also Beratung und gehe des-

halb zum örtlichen Optikergeschäft. Es ist ein schön gestalte-
ter Laden, mit Ledersesseln und blitzblanken Spiegeln, alles
sieht sehr modern aus. An der Wand hängen zahlreiche gerahm-
te Urkunden auf Büttenpapier, die von der Fachkompetenz der
Angestellten zeugen.

»Wir finden die optimale Brille für Sie«, verspricht die
freundliche Optikerin.

»Ich habe ja gar keine Ahnung«, sage ich. »Brauche ich denn
zwei Brillen, für nah und für fern?«

Keineswegs, erklärt sie mir. Bei meinem Tätigkeitsprofil –
Computerarbeit, Texte lesen, Decke anstarren – empfehle sie eine
Gleitsichtbrille. »Die können Sie ganztägig tragen und sehen auf
jede Entfernung gut.«

Nicht mit zwei Brillen hantieren zu müssen, wie es mein Vater
stets tat, erscheint mir sinnvoll. Da ich die Sehhilfe den ganzen
Tag tragen werde, suche ich mir ein schickes Designergestell
aus. Und weil dies meine erste Brille ist, empfiehlt die Optikerin
mir eine spezielle Anfänger-Gleitsichtversion, Branchenjargon:
Wellnessbrille. Dazu kommen entspiegelte, schmutzabweisende
Antibeschlagsgläser. Fast 700 Euro kostet der Spaß, aber das ist
eben der Preis für Qualität und Beratung.

Einige Wochen später hole ich meine Brille ab. Ich fühle
mich damit, als ob ich durch ein Goldfischglas linse.

»Das geht nach zwei, drei Tagen weg«, verspricht die Optikerin.

Da hat sie Recht. Was bleibt, ist die Übelkeit, die in den nächsten Wochen mein ständiger Begleiter wird und mich dauerblü-
merant durch die Gegend torkeln lässt.

Was Millionen von Brillenträgern wissen, unbeleckte Scharf-
seher aber nicht: Gleitsichtbrillen haben neben Nah- und Fern-

auch Randbereiche, die einen mitunter etwas verschwommen sehen lassen. Mein Hirn rebelliert anscheinend gegen diese neue Sicht der Dinge. Auch nach einem Monat ist es kaum besser.

Ferner muss ich feststellen, dass ein Buch und eine Webseite zu lesen optometrisch betrachtet völlig verschiedene Dinge sind. Ein Computerdisplay ist breiter und weiter weg, und der Blickwinkel ist ein anderer. Für die Arbeit am Monitor muss ich folglich durch den unteren Rand des Brillenglases linsen, was nur geht, wenn ich meinen Kopf in den Nacken lege.

Arbeiten ist folglich nicht. Heißt dieses Ding vielleicht deshalb Wellnessbrille?

Ich gehe wieder zum Optiker. »Die Brille funktioniert nicht für mich. Mir ist immer noch schwindlig. Und am Bildschirm ist sie nutzlos.«

Die Optikerin nickt und sagt: »Am Computer müssen Sie die ja auch absetzen. Sehen Sie ohne die Brille etwa nichts?«

Dann erläutert sie mir, dass ich zusätzlich eine sogenannte Bildschirmarbeitsbrille benötige. »Die ist auch viel preiswerter«, fährt sie fort, »da kosten die Gläser nur 220 Euro das Stück. »Und«, sie zwinkert mir zu, »weil es Ihre Zweitbrille ist, gebe ich Ihnen 25 Prozent Rabatt.«

»Nein danke«, erwidere ich eisig. »Ich bin finanziell bereits leergelutscht.«

Beim Bier erzähle ich die Geschichte meinem Freund Martin, der vor einigen Jahren seine erste Brille bekommen hat.

»Ja und? Normal, oder?«, sagt er.

»Bitte? Mir eine Brille zu verkaufen, mit der ich weder arbeiten noch rumlaufen kann – das hältst Du für normal?«

»Klar. Optiker halt. Die verkaufen Dir immer den teuersten Scheiß.«

Im Internet bestelle ich kurz darauf eine Einstärken-Lese-brille. Sie kostet 40 Euro, kommt aus Hongkong und ist eine Offenbarung. Wenn ich dort noch eine Fernsicht- und eine Bildschirmbrille bestellte, läge ich insgesamt bei 220 Euro. Das wären 480 Euro weniger als beim stationären Optiker. Und sehen könnte ich auch etwas.

Die Superduper-Wellnessbrille will ich zunächst wegwer-fen. Dann besinne ich mich eines besseren und hänge sie an der Wand auf, als Mahnmal. Sie soll mich an folgende geldwerte Erkenntnis erinnern: Anders als im Fachhandel bekommt man im Internet keinerlei Beratung. Und das ist häufig kein Nach-, sondern ein Vorteil.

Teetrinker sind schwer gebeutelt

Neulich, am Kölner Hauptbahnhof, kaufte ich mir einen Schwarz-tee to go. Während ich auf meinen ICE wartete, nippte ich vor-sichtig. Das Heißgetränk war nicht sehr heiß, und so nahm ich einen kräftigen Schluck.

Mit lauten »Wuäch« gab ich einen Schwall der Brühe von mir, nebst vieler kleiner Krümel. Mein Schwarztee hatte ein penetrantes Vanillearoma – und einen undichten Beutel.

Bedauerliche Ausnahme? Nein, mein täglich Brot. Ich bin weiß, männlich und hetero, trotzdem gehöre ich zu einer schwerst-benachteiligten Minderheit: Ich bin Teetrinker. Und das ist in Deutschland wahrlich kein Spaß.

Ein passabler Kaffee lässt sich inzwischen überall auftreiben, mehr noch: In Großstädten kann man kaum noch irgendwo hingehen, ohne dass einem umgehend eine Tasse manufakturgerösteter reinsortiger Arabica aufgedrängt wird. Aber was ist mit Tee?

Man soll sich vor Pauschalurteilen hüten, aber da mir bei dem Thema wirklich der Teebeutel platzt, fälle ich jetzt trotzdem eines: Deutsche Gastronomen können keinen Tee.

Man sollte meinen, dessen Zubereitung sei nicht schwierig. Schwarztee, zum Beispiel: Tun Teeblätter in Tasse. Gießen beinahe kochendes Wasser drauf. Machen ziehen lassen drei Minuten. Fertig sein.

Was ist daran so kompliziert? Offenbar einiges, denn egal wo ich hingehe – was man mir vorsetzt, mag in Form und Farbe leicht variieren, ist letztlich jedoch immer: Brackwasser. Oh, wie viele Möglichkeiten es gibt, Tee zu töten! Deutschlands Gastronomen kennen sie alle. Um nur die Klassiker zu nennen:

1. Ich bestelle ein Kännchen Darjeeling. Fünfzehn Minuten steht es auf der Theke, bis der Kellner sich bequemt, es zu bringen. Der Teebeutel liegt daneben. Ich könnte ihn jetzt in die Kanne hängen. Ich könnte aber auch aufs Klo gehen und den Beutel dort unter den Wasserhahn halten. Das Ergebnis wäre geschmacklich dasselbe.

2. Wie oben. Nur dass der Teebeutel von Anfang an im Kännchen war und ich statt Darjeeling nun erstklassigen Pinselreiniger habe.

3. Der Teebeutel landet im heißen Wasser und wird umgehend serviert – nur leider in einer überdimensionierten Milchkaffeeschale, in der Getränke schneller auskühlen als ein Vierjähriger in der Nordsee.

Eine Zeit lang ging ich dazu über, Grüntee zu bestellen, weil der mit lauwarmen Wasser zurechtkommt. Doch immer wenn ich das tat, wurde der Tee mit siedendem Wasser überbrüht. Also wieder: Brackwasser.

Hinzu kommt, dass grüner Tee in Restaurants seltsamerweise immer aromatisiert daherkommt. Im besten Fall schmeckt er nach Zitrone. Ich hatte aber auch schon Grüntee-Ananas oder Grüntee-Mandarine.

Überhaupt, Aromen, Ihr Gastronomen: Ist Euch eigentlich bewusst, dass es viele verschiedene Teesorten gibt? Dass Darjeeling nicht dasselbe ist wie Assam? Und dass man jemandem, der einen schwarzen Tee bestellt, niemals ungefragt Earl Grey auftischen sollte? Das ist nämlich so, als ob ein Kunde einen Kaffee orderte und Ihr ihm noch Lebkuchensirup hineinschüttet.

Was bloß ist der Grund für diese flächendeckende Tee-Inkompetenz? Sind wir Teetrinker eine derart kleine Minderheit, dass sich die Mühe für uns nicht lohnt?

Ich vermute eher ein kulturelles Phänomen. Schon Heinrich Heine wusste, dass Tee ein Getränk für Menschen mit Feinsinn ist: »Sie saßen und tranken am Teetisch / und sprachen von Liebe viel / Die Herren, die waren ästhetisch / die Damen von zartem Gefühl.«

Möglicherweise ist dem Deutschen, dieser von Natur aus groben Leberwurst, die Sache mit dem Tee deshalb einfach nicht beizubringen – zu nuancenreich, zu subtil, kurz: zu ungermanisch.

Da hilft wohl nur, auf Kaffee umzusteigen oder auszuwandern. Entweder nach China oder in die einzige Gegend Deutschlands, die etwas von Tee versteht: nach Ostfriesland.

Garantie nicht garantiert

Meine Mutter hat ihr Handy fallen gelassen, in eine Pfütze. Brzzzt! Sie benötigt folglich Ersatz, und als sie beim Lidl Joghurt und Aufschnitt einholen geht, fällt ihr das Angebot der Woche auf: ein Smartphone von Huawei, für schmale 99 Euro.

Leider macht ihr das Gerät wenig Freude. Es ist smarter, als einem lieb sein kann: Nach einigen Wochen beginnt es, selbsttätig kryptische SMS zu verschicken und ruft irgendwen an, ohne dass meine Mutter eine Taste gedrückt hätte.

Ja, ich weiß schon, was sie denken. Dachte ich auch. Aber nach einem Vor-Ort-Termin musste ich konstatieren: Mama kann Handy. Dieses hier ist schlichtweg kaputt.

»Kannst Du mir helfen, Tommy?«, fragt sie.

Klar kann ich, keine große Sache. Wenn Elektroartikel kurz nach dem Kauf den Geist aufgeben, steht der Händler in der Pflicht, da ist das Bürgerliche Gesetzbuch (BGB) eindeutig. Ich schreibe an den Lidl-Kundenservice: »Wir möchten für das Handy Gewährleistungsrechte geltend machen und bitten um Austausch.«

Lidl antwortet, damit habe man nix zu schaffen: »Der Hersteller hat für diesen Artikel eine Garantie ausgesprochen.« Man möge bitteschön dessen Hotline anrufen.

Da sie in der Lidl-Zentrale ganz offensichtlich ihr BGB verlegt haben, verklickere ich dem Service die Rechtslage: Wir wollen nicht an den Gerätehersteller verwiesen werden, der Gewährleistungsanspruch des Händlers ist schließlich vorgeschrieben: Will ein Kunde defekte Ware innerhalb von zwei Jahren nach Kauf umtauschen (§ 438), muss der Verkäufer den Vorgang organisieren und bezahlen (§ 439).

Diese Paragrafenreiterei findet Lidl gar nicht komisch: »Zum Zeitpunkt der Übergabe« sei das Gerät in Ordnung gewesen, »deshalb können wir keinen Gewährleistungsfall erkennen.« Denn der »setzt voraus, dass ein anfänglicher zMangel der Ware vorliegt, wofür Sie grundsätzlich in der Nachweispflicht sind.«

Inzwischen wird mir klar, dass die Lidl-Leute ihr BGB nicht nur verlegt haben. Das Büchlein scheint vielmehr dauerhaft verloren gegangen zu sein. Vielleicht ist es unter den aufpalettierten Vitakrone-Fleischsalat (Aktionspreis 1,29 Euro) gerutscht? Oder hinter die Chantré-Kisten?

Schwamm drüber, liebe Lidls! Wenn Ihr den Paragrafen gerade nicht finden könnt, helfe ich Euch gerne: Es ist der 476. Dort steht, dass in den ersten sechs Monaten nach Kauf eine Beweislastumkehr gilt. Oder einfacher ausgedrückt: Wenn ich frühzeitig sage, das Handy sei fratze, muss ich gar nix belegen.

Also gut, mailt Lidl zurück. Wir reparieren das doofe Telefon.

Allmählich geht mir die Geduld aus, die Paragrafen jedoch nicht:

»Hello again! ›Der Käufer kann als Nacherfüllung ... die Lieferung einer mangelfreien Sache verlangen‹ (§ 439). Tun wir nochmals. Falls Ihr BGB futsch ist, empfehle ich als Überbrückungslösung www.dejure.org. Da kann man's nachlesen. Freundlichst, König.«

Man fragt sich, wie ein derart großes Unternehmen die bestehende Rechtslage so beharrlich ignorieren kann. Ein Einzelfall? Eher nicht, wie eine Studie der Verbraucherzentrale zeigt. Deren Tester versuchten, bei Discountern die Händlergarantie einzufordern. Bei Lidl bissen sie in über siebzig Prozent der Fälle auf Granit.

Immer wieder versuchte das Unternehmen, die Tester abzuwimmeln und zum Hersteller abzuschieben. Die Herstellergarantie ist für Kunden jedoch in vielen Fällen unvorteilhafter, da Kosten oder längere Wartezeiten entstehen können.

Eine Lidl-Sprecherin erklärt dazu: »Wir verweisen grundsätzlich bei technischen Reklamationen auf den Hersteller, da dem Kunden dort schneller und komfortabler weitergeholfen werden kann.«

Ob die Leute bei Lidl ihr BGB inzwischen wiedergefunden haben? Man weiß es nicht. Immerhin schickte das Unternehmen meiner Mutter nach wochenlangem Hin und Her irgendwann ein funktionsfähiges Austauschgerät.

Und dazu eine Rechnung über 102,95 Euro.

Ich schrieb zurück: »Ähm, nö?« Auf weitere Paragrafen verzichtete ich.

Lidl bat uns, dennoch zu zahlen: »Wir können die Ersatzbestellung leider nicht mit dem Ursprungsauftrag verrechnen, da dieser per Kreditkarte gezahlt wurde. Sobald die Retoure verbucht wird, werden wir den Betrag von 102,95 Euro auf Ihr Kreditkartenkonto erstatten.«

Das ist eine etwas umständliche Variation jener gänzlich unjuristischen Argumentationsfigur, die Unternehmen stets dann auffahren, wenn ihnen die Paragrafen ausgehen: »Ich weiß gar nicht, wie ich das buchen soll.«

POST & CHOLERA

Zu wertvoll für die Post

Meine Frau hat ihren Ehering verloren. Tagelang haben wir die Wohnung auf den Kopf gestellt, aber er ist und bleibt verschwunden. Unsere Ringe waren einzigartig, mit eingravierten mongolischen Schriftzeichen. Ein Hamburger Goldschmied hat sie angefertigt.

Ihn rufe ich an, damit er ein Duplikat erstellt.

»Dazu brauche ich aber den verbliebenen Ring«, sagt er. »Foto reicht nicht.«

»Ich wohne jetzt aber in München«, antworte ich.

»Wenn Du ihn nicht vorbeibringen kannst«, sagt der Goldschmied seufzend, »dann muss es wohl per Post gehen.«

Er klingt unglücklich, als er das sagt. Tja, damit wären wir schon zu zweit. Wer häufig Pakete bekommt, weiß, dass auf dem

Weg von A nach B eine Menge schief gehen kann: Sendungen verschwinden spurlos, werden wildfremden Kioskbesitzern zugestellt oder kommen zerlöchert an.

Normalerweise ist mir das egal. Schwund ist schließlich überall. Aber wenn der verbleibende Ring flöten ginge, wäre das eine Katastrophe. Denn zu den geschätzten 1500 Euro die er gekostet hat, kommen der kaum zu bemessende ideelle Wert und der Umstand, dass eine Rekonstruktion des ersten Rings bei Verlust des zweiten unmöglich wäre.

»Bloß nicht mit der Post«, sagt der Goldschmied. »UPS ist ganz gut.«

Als ich auf der Webseite von United Parcel Service versuche, eine Sendung in Auftrag zu geben, kommen mir erste Zweifel an dieser Aussage. Das Nutzer-Interface scheint seit dem Zusammenbruch des Neuen Markts nicht mehr modernisiert worden zu sein. Ich bin in München. Die nächste UPS-Dependance befindet sich laut Online-Filialfinder aber angeblich im hundertfünfzig Kilometer entfernten Kempten.

Nach circa zwanzig Minuten gelingt es mir, ein üppig versichertes Overnight-Kurierpaket für knapp 60 Euro zu ordern, das sogar abgeholt wird.

Ich warte den ganzen Tag. Gegen siebzehn Uhr rufe ich bei UPS an.

»Der Kurier hat vermerkt, Sie seien nicht da gewesen.«

Gar nicht wahr. Ich bitte die Servicedame, noch einmal jemanden vorbeizuschicken.

»Okay. Um was für eine Lieferung ging es denn genau, Herr König? Hier im System steht nichts mehr.«

Ich merke, wie mir fröstelt. Den genauen Pakettarif weiß ich leider nicht mehr. Ich kann den Auftrag auch nirgendwo nach-

schauen, weil das altersschwache UPS-Onlinesystem mir keine
Bestätigungsmail geschickt hat. Also alles neu.

Eine Stunde später kommt ein UPS-Mann. Ich halte ihm
Paket und Kreditkarte hin.

»Nee, Karte geht nicht.«

»Ich hatte aber ausdrücklich mit Kartenzahlung geordert.«

»Sorry, nur Bargeld.«

Ich hole zwei Fuffziger und halte sie ihm hin.

»Nee, sie müssen mir das auf den Cent abgezählt geben. Ich
habe kein Wechselgeld.«

Kann ich nicht, und inzwischen will ich auch nicht mehr.
Denn mir drängt sich der Eindruck auf, dass diese UPS-Typen
vollauf damit ausgelastet sind, ihre Hosen hochzuhalten (das
Unternehmen reagierte nicht auf Bitte um Stellungnahme).
Nie im Leben werde ich denen meinen kostbaren Ring aushän-
digen.

Am nächsten Tag versuche ich es bei der örtlichen Postfiliale. Auch hier kann man versicherte Expresssendungen aufgeben, die nur gegen Unterschrift zugestellt werden. Dauert aber.
»Das hat noch nie jemand gewollt«, sagt die Schalterdame ent-
schuldigend. Aber fünfzehn Minuten und etwa 20 Euro später
ist die Sache erledigt.

Am Tag darauf ruft mich der Goldschmied an. »Ist angekommen. Hast Du das als normales Päckchen geschickt?

»Nein, per Superduper-Kurier, wieso?«, frage ich.

»Lag einfach so im Flur rum. Glück gehabt.«

Als der neue Ring sechs Wochen später fertig ist, teilt mir
der Goldschmied mit, er schicke ein Paket los, natürlich wieder per Express-Handzustellung. Nun ist das Kuvert doppelt
soviel wert wie auf dem Hinweg.

Kommt aber kein Kurier. Als ich am Mittag aus dem Haus gehe, finde ich den Umschlag mit meinen Eheringen im Flur. Irgendwie ist der DHL-Mann offenbar ins Haus gelangt, aber zum Klingeln hat es dann doch nicht gereicht. Auch die Post reagierte nicht auf eine Anfrage.

Wir leben in seltsamen Zeiten, denke ich mir, als ich meinen Ring anstecke. Wir können eine E-Mail in Sekundenbruchteilen um den ganzen Planeten jagen, in einer Stunde von Hamburg nach München fliegen und im Dezember erntefrische Mangos essen. Aber ein Paket sicher von A nach B zu befördern, das ist anscheinend ein Ding der Unmöglichkeit.

Ich hoffe, dass wir nie wieder einen unserer Eheringe verlieren. Aber falls doch, dann bringe ich das verbleibende Unikat höchstpersönlich zu meinem Goldschmied. Denn der einzige Kurier, dem ich noch vertraue, bin ich selbst.

BWL für Postler

Die Post hat eine Abholkarte für eine Briefsendung hinterlassen, vermutlich ein Einschreiben. Das passiert mir öfters, und so stapfe ich zur fünfhundert Meter entfernten Filiale. Die Schalterdame guckt auf mein Kärtchen und schüttelt den Kopf.

»Die Sendung ist nicht hier.«

»Wo ist sie denn?«, frage ich.

Sie tippt auf die Rückseite der Karte. »Wurde an einem anderen Ort hinterlegt, vermutlich ein Nachbar.«

Ich schaue mir die Anschrift an. Selbst, wenn man die Definition von »Nachbar« weit auslegt, fällt diese Adresse garantiert nicht darunter. Sie befindet sich fast zwei Kilometer von meiner Wohnung entfernt.

Ich fahre hin. Es handelt sich um einen heruntergekommenen Kiosk mit sehr überschaubaren Öffnungszeiten. Gerade ist zu. An der verschlossenen Tür klebt ein gelber Sticker, der mich darüber informiert, dass es sich bei dieser Raffelbude um ein offizielles Postdepot handelt.

Ich rufe die auf der Karte angegebene Servicenummer an und erkläre der Mitarbeiterin, dass ich meine Sendungen nicht in einem Depot abholen möchte, das erstens weit weg und zweitens geschlossen ist.

»Bedaure, da kann ich nichts machen.«

»Wieso nicht? Sie könnten dem Zusteller doch Bescheid sagen.«

»Das ist nicht möglich. Haben wir keinen Zugriff.«

Da ich aus Gesprächen mit Bekannten weiß, dass dies sehr wohl möglich ist, schreibe ich eine E-Mail an die Post, mit der Bitte, meine Sendungen fürderhin wieder in der Filiale zu deponieren. Die Antwort trudelt einige Tage später ein:

»Sehr geehrter Herr König,

Sie wünschen sich, Briefsendungen bei Ihrer nächstgelegenen Filiale abholen zu können. Diesen Wunsch verstehen wir gut, können ihn jedoch leider nicht in jedem Einzelfall realisieren.

Als privatwirtschaftliches Unternehmen müssen wir neben den Interessen unserer Kunden auch wirtschaftliche Gesichtspunkte in unseren Planungen berücksichtigen.«

Ich bin mir nicht sicher, welche Qualifikationen man vorweisen muss, um bei der Deutschen Post im Management arbeiten zu dürfen. Aber wer »wirtschaftliche Gesichtspunkte« und Kundeninteressen im einundzwanzigsten Jahrhundert als Widerspruch, genauer gesagt als unüberbrückbaren Gegensatz begreift, sollte vielleicht noch ein paar Semester die Studienbank drücken.

Sam Walton, der Gründer der Supermarktkette Walmart formulierte es folgendermaßen: »Es gibt nur einen Boss. Den Kunden. Er kann jeden im Unternehmen feuern, vom Vorstandschef abwärts. Indem er sein Geld einfach woanders hinträgt.«

Den meisten Menschen leuchtet das ohne weitere Erläuterungen ein. Weil es sich bei Ihnen, liebe Postmanager, jedoch anscheinend um eine etwas begriffsstutzige Spezies handelt, breche ich das Topic gerne mithilfe einer Case Study für Sie herunter:

1. Der Kunde zahlt dafür, dass eine Sendung von A nach B geliefert wird.
2. Die Sendung habe einen Preis von 1 Euro, ihre Zustellung verursache Kosten von 40 Cent.
3. Sie verdienen 60 Cent.
4. Wenn Sie die Sendung von A nach C liefern, koste die Zustellung nur die Hälfte, also 20 Cent.
5. Da der Preis immer noch bei einem Euro liegt, verdienen Sie nun 80 Cent pro Sendung.

Geil den Gewinn gesteigert, richtig? Falsch. Schauen Sie mal: Ihr Kunde (Sie erinnern sich, der Idiot, der Ihnen gutgläubig sein Geld gegeben hat) wollte, dass die Sendung von A nach B befördert wird. Aber nun liegt sie in C. Aus dieser Zielabweichung folgt:

1. Kunde muss von B nach C nach B laufen (eventuell mehrfach).
2. Kunde folglich unglücklich.

3. Kunde außerdem wütend.
4. Kunde geht nächstes Mal woanders hin.
5. Ihr Gewinn: 0 Euro

Die mit dem Serviceschreiben konfrontierte Pressestelle spricht von einem Missverständnis: »Es ist Teil unserer geschäftlichen Philosophie in allen Geschäftsbereichen für unsere Kunden der Dienstleister Nummer eins zu werden bzw. zu bleiben.« Dass man nicht alle Wünsche erfüllen könne, »steht dem nicht entgegen«. Man werde aber die Formulierung überdenken.

Liebe Postmanager, zu Ihrem Unternehmen bekomme ich von den Warteschleife-Lesern derart viele Schauergeschichten geschickt, dass ich den Eindruck habe, mit Umformulieren wird es langfristig nicht getan sein.

Falls Sie die weisen Worte Waltons bereits wieder verdrängt haben sollten, spendiere ich Ihnen zum Schluss noch ein Zitat des Managementgurus Peter Drucker:

»Der Zweck einer Unternehmung ist es, einen Kunden zu generieren.«

Ich habe den Eindruck, Sie versuchen genau das Gegenteil.

Kafkas neues Schloss

Mein nagelneuer Fahrradanhänger ist kaputt, Montagefehler ab Werk. Bevor ich die Kinder ein einziges Mal hineingesetzt habe, muss er zurück zum Hersteller in die Schweiz. Das ist ärgerlich, mehr Fahrrad zu fahren, war schließlich mein Neujahrsvorsatz, und das Wetter ist gerade tipptopp.

Ich schleppe die Monsterretoure zur Postfiliale. Dort fülle ich mehr Formulare aus als früher bei Paketen für die DDR-Verwandschaft: Luftpost, Versicherung, Sperrgutzuschlag, Zollerklärung. Eine Postlerin schiebt den Papierstapel in eine Plastiktüte, die auf die Kiste gepappt wird und kassiert 84 Euro.

Eine Woche später kommt ein DHL-Kurier, mit einem sehr großen Paket auf der Sackkarre. Darauf klebt ein Zettel: »Ihre Sendung wurde ohne erforderliche Belegpapiere vorgefunden. Eine Ableitung in die Schweiz war nicht möglich.«

Heimleitung statt Ableitung? Wieso das? Ich begutachte die Kiste. Anscheinend hat jemand die gefüllte Dokumententasche abgerissen und eine neue, leere aufgeklebt. Ich rufe beim DHL-Kundenservice an.

»Ich war dabei, als Ihre Kollegin die Papiere eingetütet hat«, sage ich.

»Die Post ist nicht dafür zuständig, dass ein Paket korrekt beschriftet ist, Herr König.«

»Nicht zuständig? Ist das Ihr Ernst?«, frage ich.

»Ja doch. Das ist Sache des Kunden«, blafft er zurück.

»Wie war Ihr Name?«, erkundige ich mich.

Statt zu antworten, legt er auf. Ich schreibe dem Kundenservice eine E-Mail. Ich erkläre, dass die Sendung aufgrund von fehlenden Zollpapieren zurückgesandt wurde. Und dass ich meine 84 Euro zurück will.

Das ist dem Kundenservice aber zu hastig: »Um eine weitere Prüfung und Bewertung des Sachverhalts vornehmen zu können«, seien zunächst Kopien von Lieferungsbeleg, Quittung, Zollinhaltserklärung und Paketaufschriftseite einzureichen.

Mache ich. Die Post nimmt daraufhin eine Bewertung vor: Schuld bin ich selbst: Man habe nämlich nach eingehender

Prüfung »festgestellt, dass die Sendung aufgrund von fehlenden Zollpapieren zurückgesandt wurde.«

Es bringt nichts, sich zu grämen – Duldsamkeit ist schließlich erste Kundenpflicht. Außerdem regnet es seit Tagen, wer will da schon Fahrradfahren? Ich gehe erneut zur örtlichen Postfiliale. Schließlich muss der Fahrradanhänger immer noch in die Schweiz.

Wieder gerate ich an Frau R., die bereits das letzte Paket abgefertigt hatte. Sie schwört Stein und Bein, die Sendung korrekt frankiert, verzollt und gestempelt zu haben. Und sie ist bereit, dies gegenüber dem Kundenservice zu bestätigen.

Nun, da der Anhänger wieder unterwegs ist, schreibe ich eine weitere E-Mail an den Kundenservice. Ich erkläre erneut, das Paket sei korrekt frankiert gewesen. Ich lege dar, Frau R. könne dies beschwören, notfalls mit der Hand auf dem heiligen Postleitzahlenbuch.

Es folgen drei strahlend weißblaue Wochen, in denen ich gut hätte Fahrrad fahren können. Dann kommt ein Brief von DHL.

»Um eine weitere Prüfung und Bewertung des Sachverhalts vornehmen zu können«, schreibt der Kundenservice, möge ich Kopien einreichen, und zwar von Einlieferungsbeleg, Quittung, Zollinhaltserklärung und …

So ähnlich muss sich der Protagonist in Franz Kafkas Roman *Das Schloss* gefühlt haben. Da ich nicht wie der Landvermesser K. enden will, setze ich der Post nun eine Frist: Geld her, sonst lasse ich den Anwalt von der Leine.

Der Post-Kundenservice meldet sich daraufhin nicht mehr. Dafür klingelt eines Morgens ein Mann in rot-gelber Uniform an meiner Tür. Er hat ein Paket dabei, das so aussieht, als wäre es in einer Postkutsche um den halben Erdball gefahren worden: angestoßene Ecken, Risse im Karton, gelbe Zollsticker.

»Was ist das?«, frage ich.

»Retoure«, sagt er. »Bekomme ich zehn Euro, bitte.«

»Aber wofür denn?«, will ich wissen.

»Keine Ahnung«, sagt der Kurier. »Steht hier so.«

»Wenn Sie bei der Post arbeiten, dann müssten Sie mir das doch erklären können.«

Er zuckt mit den Schultern. »Wurde eine Woche angelernt, woher soll ich das wissen?«

Vielleicht weiß es die Post-Pressestelle? Es »wurde festgestellt, dass der Fall zweimal in unserem System angelegt wurde. Daher die doppelte Anfrage der Dokumente«, schreibt mir eine Sprecherin.

Und Erklärungen für das Verschwinden der Zollpapiere, für die Weigerung des Kundenservice, der eigenen Mitarbeiterin zu glauben, für all die anderen Merkwürdigkeiten? Fehlanzeige. Man habe, verspricht die Presseabteilung immerhin, den Service um rasche Klärung gebeten.

Doch das kafkaeske Schloss in Bonn ist anscheinend derart verwinkelt, dass selbst eine Anfrage aus der Konzernkommunikation keinerlei Wirkung zeigt. Niemand meldet sich. Wochen später rufe ich erneut die Post-Hotline an. Dort erklärt man mir, der Fall sei doch schon vor Monaten mit negativem Bescheid abgeschlossen worden.

Draußen scheint die Sonne. Aber das mit dem Fahrradfahren wird wohl eher ein Vorsatz fürs nächste Jahr.

Des Kaisers Paketkontrolle

Ich bekomme Post vom Zoll. Ein Paket aus den USA sei »aufgrund fehlender Unterlagen« nicht ausgeliefert, sondern beim Zollamt hinterlegt worden. Dort liege es »für Sie bereit«.

Ich mache mich auf den Weg zum Zollamt. Man sollte meinen, dass es in einer Millionenstadt wie München eine Abholstelle innerhalb der Stadtgrenzen gibt – Pustekuchen. Sämtliche abgefangenen Sendungen landen stattdessen in dem Vorort Garching-Hochbrück, zwanzig Kilometer vom Zentrum entfernt. Als ich dort aus der U-Bahn steige, glaube ich zunächst an einen Fehler. Vor mir erstrecken sich Felder, und sonst nicht viel. Hier ist die Welt zu Ende.

Doch nach einem guten Kilometer Fußmarsch durch ein namenloses Gewerbegebiet sehe ich es tatsächlich vor mir: das Zollamt. Ich gehe hinein. Die Paketausgabe hat den Charme einer Ausnüchterungszelle. Der Mann hinter dem Schalter schnarrt: »Unterlagen, bitte!«

Nach deren Prüfung weist er mich an, im Wartebereich Platz zu nehmen. Dort sitzen bereits einige Bittsteller. Die meisten schauen, als müssten sie gleich vor den Kadi.

Ich vertreibe mir die Zeit, indem ich eine Vitrine beäuge, in der die Zöllner ihre Fundstücke präsentieren: Gefälschte Rolex-Uhren, nachgemachte Turnschuhe, eine Packung mit chinesischer Beschriftung. »Rheumapflaster mit Leoparden-Knochen« steht darunter.

Nach einiger Zeit ruft man mich auf. Ich gehe zum Schalter.

»Was ist in dem Paket?«, fragt mich der Zöllner.

»Ein Buch«, antwortete ich wahrheitsgemäß. »Fantasyzeugs. Kostet dreißig Dollar.«

Der Beamte nickt und lässt sich von mir einen Ausdruck des Zahlungsbelegs zeigen. Das war's auch schon. Er will nicht einmal meinen Personalausweis sehen. Gegen Unterschrift händigt er mir das Paket aus, mit den Worten: »Zahlen müssen Sie da nix«.

Ich stapfe zurück zur Bahnstation. Vier Stunden Lebenszeit wird mich diese Aktion am Ende gekostet haben. Und es stellt sich die Frage: Was sollte das Ganze?

Dass sich in meinem Paket weder Plastiksprengstoff noch getrocknete Leopardenpenisse befanden, wusste der Zoll bereits. Er hatte das Paket schließlich schon geöffnet. Und meine Identität musste ich auch nicht nachweisen.

Ein Sprecher des Zolls erklärt auf Anfrage, man habe die Abholstelle vor einigen Jahren nach Garching verlegen müssen. Jene Lkw, die dem Zoll die Sendungen anlieferten, dürften nämlich nicht mehr in die Stadt fahren. Allerdings könne man seine Belege auch schriftlich einreichen.

Dieser Hinweis findet sich freilich erst auf der zweiten Seite des Zollschreibens. Die schriftliche Freigabe hat außerdem den Nachteil, dass die abgefertige Sendung zunächst zum Frankfurter Flughafen zurückexpediert wird, bevor die Post sie ausliefert. Das kann ein paar Wochen dauern.

Man fragt sich, ob es überhaupt Sinn macht, ungefährliche private Buchsendungen von niedrigem Warenwert abzufangen, weil diese die »Voraussetzungen der Art. 9 und 10 des Vertrages zur Gründung der Europäischen Wirtschaftsgemeinschaft nicht erfüllen« (Zollaufkleber).

Macht es natürlich nicht. Ich vermute, dass es bei diesem Zirkus weniger um Pakete geht als vielmehr um den Zoll selbst. Wir haben es hier mit einer Behörde zu tun, die nach einer Existenzberechtigung sucht. Wir leben schließlich in einem Land, das de facto keine Außengrenzen mehr besitzt.

2001 beschäftigten die Hauptzollämter 26.506 Menschen. 2013 waren es immer noch 25.548. Meine Theorie ist, dass diese unterbeschäftigten Beamten ihre Zeit nutzen, um unbescholtenen Untertanen selbige zu stehlen.

Untertanen? Ich verwende den Begriff ganz bewusst. Ich hatte bereits des Öfteren mit dem Zoll zu tun. Dort weht noch der Geist des vorvergangenen Jahrhunderts, mit all jenem obrigkeitsstaatlichen Getue, das sich kaum noch eine andere deutsche Behörde leistet.

Diesem Geiste eingedenk ist es (auf eine verquere Weise) ganz logisch, dass abgefangene Pakete nicht im Stadtzentrum landen, sondern im Nirgendwo. Der beschwerliche Weg ist dabei Teil des Programms und soll dem Supplikanten die Herrschaftlichkeit der hohen Behörde vor Augen führen.

Auf dem gesamten Rückweg muss ich immer wieder lachen, so absurd kommt mir das alles vor – das Zollamt im Nirgendwo, das grimmige Getue der Zöllner, die zur Schau gestellte Konterbande. Mich wundert eigentlich nur, dass nirgendwo ein Porträt von Kaiser Wilhelm hing.

Traum eines Frankierfetischisten

Was bitteschön ist so schwierig daran, Briefmarken aufzukleben? Meine Assistentin Agnes kriegt es einfach nicht hin. Immer frankiert sie alles falsch.

Klingt nörgelig? Als Selbstständiger mit reichlich Korrespondenz ist Porto für mich eben ein wichtiges Thema. Dank eines leicht durchschaubaren Systems macht es einem die Deutsche Post eigentlich sehr einfach – nur Agnes, die kapiert es einfach nicht. Gerade will sie eine 90-Cent-Marke auf einen Briefumschlag pappen.

»Nein, Agnes, nein!«, rufe ich. »Der ist zu voll. Nimm die zu 1,45.«

»Aber ich habe ihn gewogen«, widerspricht sie. »Die Sendung wiegt lediglich 48 Gramm, folglich geht sie noch als Kompaktbrief.«

Ich schüttele den Kopf. »Wie oft muss ich Dir noch erklären, dass die Flächenabmessungen des Kompaktbriefs – Länge 100-235 Millimeter, Breite 70-145 Millimeter – zwar identisch mit jenen des Großbriefs sind, die vorschriftsmäßige Höhe des Kompaktbriefes jedoch maximal 10 Millimeter beträgt. Dieser hat aber locker 15 Millimeter. Ergo Großbrief.«

Sie nickt matt und klebt die 1,45 auf.

Wann ist ein Buch ein Buch?

»Und das hier?«, fragt sie etwas später und hält ein geheftetes Manuskript in die Höhe. »Wiegt über 500 Gramm, also Maxibrief zu 2,40 Euro, richtig?«

Ich muss mich anstrengen, nicht die Beherrschung zu verlieren. »Oh, Agnes. Um was für einen Hauptversandgegenstand handelt es sich hier, hmm?«

Betreten schaut sie zu Boden. »Eine Loseblattsammlung«, antwortet sie.

»Falsch«, rufe ich. »Es handelt sich um ein Buch. Ergo ist dies eine Buchsendung. Und die kostet, wenn sie, wie in diesem Fall, zwischen 501 und 1000 Gramm liegt, 1,65. Agnes! Fast hättest Du Wertmarken in Höhe von 0,75 Euro sinnlos verklebt. Du wirst mich noch ruinieren!«

»Aber ich dachte«, wendet sie kleinlaut ein, »dass nur richtige Bücher ...«

»In den Portobestimmungen der Deutschen Post steht klipp und klar, dass auch Broschüren, Notenblätter und Landkarten als Büchersendungen anzusehen sind. Hättest Du genauer hingeschaut, wäre Dir aufgefallen, dass es sich bei dem fraglichen Stapel um eine Partitur handelt, Walküre.«

Agnes schaut beleidigt. Aber was kann ich dafür, wenn sie nicht einmal die einfachsten Bürohandreichungen hinbekommt? Briefmarken aufkleben, das kann ja wohl jeder. Verstohlen beobachte ich sie bei der Arbeit. Ich sehe, wie sie ein Rezensionsexemplar in ein Kuvert steckt und mit einer 1-Euro-Marke beklebt. Wie von der Tarantel gestochen springe ich auf und renne zu ihrem Schreibtisch.

»Agnes! Was zum Teufel machst Du da?«

Sie schaut mich verwundert an. »Ich frankiere ein Tom-König-Taschenbuch. Als Büchersendung.«

Ich rolle mit den Augen. »Wenn Du Dir die Mühe gemacht hättest, reinzuschauen, wäre Dir aufgefallen, dass ich etwas hineingeschrieben habe.«

»Habe ich«, blafft sie zurück. »Ich bin schließlich nicht blöd«. Laut den Richtlinien bezüglich der Handhabung von Büchersendungen sind Widmungen zulässig. Ich zitiere: »Die Widmung darf aus einer kurzen Floskel zum Beispiel ›In treuem Gedenken, der Verfasser bestehen, der auch kurze Zitate und Ähnliches zugesetzt sein können.‹ Man darf sogar einen Werbeflyer beilegen ...«

»... falls sich die Werbung in oder auf dem Hauptversandgegenstand auf höchstens vier aufeinanderfolgende Seiten am

Anfang und Ende des Werkes beschränkt. Mir musst Du die Frankierregeln nicht erklären, Agnes!«

Ich nehme das Buch in die Hand. »Wie Du unschwer hättest erkennen können, steht in diesem Buch auf der Innenklappe: ›Lieber Kollege Müller, hoffe es geht Ihnen gut, erlaube mir, Ihnen mein Buch zu übersenden. Mit freundlichen Grüßen, Tom König.‹«

Agnes guckt mich an wie ein Auto. »Ja, und?«

»Hättest Du die Regeln zum Bücherversand gründlicher durchgelesen, wüsstest Du, dass adressierte schriftliche Mitteilungen nicht zugelassen sind, genauso wenig Texte mit Anrede, Höflichkeitsformeln oder persönliche Mitteilungen. Fügt man solche hinzu, wird aus der Büchersendung ein Brief.«

Sie klebt eine Marke zu 1,45 ziemlich schief auf den Umschlag, vermutlich ein Akt stummer Rebellion.

»Briefmarken sind in der rechten oberen Ecke der Anschriftenseite einer Sendung … «, hebe ich an.

»Du kannst mich mal, Du Frankierfetischist«, schreit sie. »Ich kündige!«

»Das kannst du nicht machen, Agnes. Was wird mit meiner Korrespondenz, soll die etwa liegen bleiben?«

»Mir doch egal«, ruft sie, steht auf und geht zum Ausgang. »Von mir aus kannst Du Deinen Scheiß als Flaschenpost schicken!« Dann knallt sie die Tür zu.

Als Flaschenpost? Was für eine verrückte Idee. Das geht schließlich nur, wenn der Flaschenkörper nicht rechteckig und abgeflacht ist, mindestens 100 Millimeter x 70 Millimeter misst und die Maße seines Bodens ein Verhältnis von 2:1 besitzen.

WIR WOLLEN
NUR IHR GELD

Meine griechische Anleihen-Odyssee

Als sich abzeichnet, dass den Griechen das Geld ausgeht, gehen die Zinsen für Anleihen der Hellenischen Republik natürlich durch die Decke. No risk, no fun, denke ich mir und steige ein. Die Griechen, denke ich mir, werden bestimmt noch gerettet. Und ich werde daran verdienen.

Etwas später zeichnet sich allerdings ab, dass man die Investoren bluten lassen wird. Es soll einen Schuldenschnitt geben. Es gibt bereits Verhandlungen zwischen Investoren und griechischer Regierung. An deren Ende wird wohl ein freiwilliger Forderungsverzicht der privaten Gläubiger in Höhe von fünfzig Prozent stehen, ein so genannter Haircut. Meine griechischen Staatsanleihen (WKN 724072) liegen mir nun bleischwer im Depot. Sie laufen bis Mai 2013, dann müsste Athen mir 5000 Euro zurückzahlen. Bis dahin ist es noch mehr als ein Jahr hin. Man muss nicht bei der Ratingagentur arbeiten, um zu ahnen, dass daraus nichts wird.

Auch wenn da irgendwelche nadelgestreiften Banker feilschen: Ich nehme stark an, dass am Ende auch Kunde König rasiert wird. Denn falls der Schuldendeal für private Gläubiger gölte, schlösse dies ja auch Kleinanleger ein. Das mutmaße ich zumindest – belastbare Informationen zu dem Thema sind nämlich Mangelware. Um den griechischen Nationaldichter Homer zu zitieren: »Wir horchen allein dem Gerücht und wissen durchaus nichts.«

Dabei wüsste ich gerne, wie die anstehende Depot-Rasur ablaufen wird. Es sind vor allem folgende Fragen, die mich umtreiben:

- Bin ich als deutscher Privatanleger automatisch betroffen?
- Muss ich dem Schuldenschnitt zustimmen?
- Wer informiert mich?
- Werden meine Anleihen gegen neue Papiere getauscht? Oder kriege ich zum Laufzeitende weniger Geld überwiesen?

Auch wenn die Sache zugegebenermaßen noch im Fluss ist, sollte man annehmen (oder zumindest hoffen), dass sich bereits jemand Gedanken über das Prozedere gemacht hat. Schließlich ist Griechenland nicht der erste Staat, der über den Deister geht. Russland und Argentinien waren auch schon einmal pleite, Deutschland gar zweimal (1923 und 1945).

Ich schreibe deshalb einer Institution, die meine Fragen müsste beantworten können: der Europäischen Zentralbank.

Die schreibt zurück, sie sei da nicht involviert. Man rät mir, mit meinen Fragen bei den deutschen, respektive griechischen Behörden vorstellig zu werden. Also versuche ich es im Bundesfinanzministerium. Dort wiederum schlägt man mir vor, mich an meine Hausbank zu wenden; diese könne mir sicherlich »den Stand der Dinge für den Individualfall darlegen«.

Besagte Hausbank, in meinem Fall die Comdirect, sieht das anders. Sie schreibt: »Bitte haben Sie Verständnis, dass wir keine Beratung durchführen und daher Ihre Fragen nicht beantworten werden.« Mein Verständnis geht gegen null, wie immer bei derartigem Sahara-Service. Wenn es darum geht, mir irgendwelche Zertifikate oder Aktienfonds anzudrehen, dann ist meine Hausbank nicht so schweigsam.

Aber statt mich zu ärgern, schreibe ich lieber eine E-Mail an den Weltbankenverband IIF. Der führe, das hatte mir das Finanzministerium erklärt, die Gespräche mit den klammen Griechen. Und weil ich gerade dabei bin, leite ich meinen Fragenkatalog auch noch an die griechische Botschaft in Berlin weiter.

Beiden hat es bei dem Thema die Sprache verschlagen, meine Anfragen bleiben unbeantwortet. Vermutlich sind IIF und Diplomaten zu sehr mit den Haircut-Verhandlungen beschäftigt, um einem Mini-Gläubiger wie mir zu helfen. Man muss das mit Fassung tragen. »Dulde, mein Herz!«, würde Homer jetzt seinem Odysseus zurufen. »Du hast noch härtere Kränkung erduldet.«

Ich versuche es ein letztes Mal, mit einer Mail an den Bundesverband der Banken. Und tatsächlich bekomme ich von dort die erste und einzige qualifizierte Antwort. Die wichtigsten Details: »Wenn alle Bedingungen ausgehandelt sind, wird das Tauschangebot von der griechischen Regierung offiziell verkündet. Wir gehen davon aus, das Privatanleger von ihrem depotführenden Finanzinstitut unterrichtet werden. Nach heutigem Diskussionsstand wird das Tauschangebot freiwillig sein. Den Investoren wird dann eine Frist (vermutlich von zwei oder drei Wochen) gegeben, in der sie zustimmen können.«

Interessant ist auch, dass es wohl keineswegs die Hälfte des Geldes zurück gibt: »Aus heutiger Sicht ist davon auszugehen, dass der Nominalwert der Anleihen um 50 Prozent gekürzt wird. Für die restlichen 50 Prozent des alten Nennwerts wird es wohl eine Barauszahlung von etwa 15 Prozent geben. Der Rest soll in neue Griechenlandanleihen getauscht werden.«

Welche Laufzeit diese neuen Anleihen haben werden, ist unklar. Aber zumindest ein paar belastbare Informationen scheint es ja zu geben. Warum kaum jemand bereit ist, diese verunsicherten Kleinanlegern zu Verfügung zu stellen, ist mir ein Rätsel.

Was tatsächlich niemand weiß ist, was mit Gläubigern passiert, die dem »freiwilligen« Umtauschangebot nicht zustimmen. Es gibt immer noch Besitzer von Argentinien-Anleihen, die seit dem dortigen Staatsbankrott versuchen, an ihr Geld zu kommen. Der ist bereits zehn Jahre her. Meine Griechenland-Odyssee könnte also noch ein bisschen dauern.

Trojanisches Pferd von der Bank

Nun sind die Griechen also pleite. Nein, anders: Die Hellenische Republik ist temporär liquiditätsmäßig inhibiert. Sie möchte deshalb, dass die Gläubiger auf einen Teil ihrer Forderungen verzichten.

Mist. Die meinen mich.

Ich hatte darüber geschrieben, wie schwierig es als Kleinanleger mit Griechenbonds ist, Informationen über den geplanten Schuldenerlass zu bekommen. Meine Hausbank, das Finanzministerium und andere Institutionen vertrösteten mich damals. Sobald die Konditionen des Haircuts (man könnte auch sagen: Depotrasur) ausgehandelt seien, werde man mich informieren.

Ende Februar 2012 hat Griechenland eine Offerte vorgelegt. Aber brauchbare Informationen sind immer noch Mangelware.

Zwar hat mir meine Bank, die Comdirect, inzwischen einen Brief geschickt. Doch das Schreiben zeichnet sich durch eine Mischung aus Kryptik und Lakonik aus, die sogar einen antiken Athener Logiker ins Schwitzen gebracht hätte.

Zunächst fehlt jeder Hinweis auf die Umstände. Nirgendwo ist von Schuldenerlass, drohender Pleite oder Wertverlust die Rede. Stattdessen beginnt das Schreiben lapidar mit dem Satz: »Die Emittentin unterbreitet den Anleiheinhabern ein Umtauschangebot«.

Im weiteren werden insgesamt vier neue Wertpapiere aufgelistet, die ich im Tausch für jede Tausend-Euro-Anleihe erhalten soll. Sie haben geheimnisvolle Namen wie »GDP-Linked-Notes« oder »PSI Payment Notes«. Die Nominalwerte der Papiere addieren sich zu 780 Euro plus »Accrued Interest Notes«, also »Schuldverschreibungen im Gegenwert der aufgelaufenen Zinsen«.

Klingt verwirrend. Klingt aber gleichzeitig nach einem interessanten Deal. Denn in der Zeitung stand etwas von einem fünfzigprozentigen Haircut. In dem Brief liest es sich jedoch so, als blieben mir 78 Prozent des Nominalwertes, plus irgendwelche Zinsen. Das ist gut, richtig?

Falsch, das ist schlecht. Diese neuen Anleihen sind ein Danaergeschenk. Sie haben variable Zinssätze und sehr lange Laufzeiten. Ein paar fixe Analysten haben errechnet, dass der Realverlust zwischen 74 und 77 Prozent liegen wird. Es ist also keineswegs so, dass man drei Viertel seines Geldes behält; drei Viertel sind futschikato.

Davon steht in dem Brief nichts. Es liegen auch keinerlei Informationen zu den Einzelheiten bei. Lediglich weist die Comdirect darauf hin, das griechische Umtauschangebot sei »sehr komplex«. Und wenn ich das alles genauer wissen wolle, könne ich ja die Angebotsunterlagen studieren. Man schicke mir diese auf Anfrage gerne zu.

Das Dumme daran: Die Frist für das Angebot endet in wenigen Tagen. Dass der Anlageprospekt bis dahin eintrudelt, ist unwahrscheinlich. Also versuche ich es auf der offiziellen Seite Greekbonds.gr. Dort ist der 166-seitige Prospekt hinterlegt. Bevor ich ihn downloaden darf, muss ich ein sechsstufiges Menü überwinden, mit Fragen wie dieser: »I am accessing this website as a custodian or clearing system participant in order to submit a PSI Participation Instruction or a PSI Revocation Instruction or to review the status of previously submitted Instructions.«

Ähh … wie war das noch mal im vorderen Teil des Satzes?

Beim dritten oder vierten Anlauf schaffe ich es, alle sechs Fragen korrekt zu beantworten. Zur Belohnung darf ich den Prospekt aufrufen, der in Lesbarkeit und Übersichtlichkeit einem deutschen Steuerrechtskommentar ähnelt. Ich habe früher als Finanzredakteur gearbeitet, und so gelingt es mir nach ein, zwei Stunden herauszufinden, was ich eigentlich schon ahnte: Dass dies ein ziemlicher Scheißdeal ist.

Nun sind Wertpapieranlagen risikoreich, Jammern also zwecklos. Caveat emptor sagt der Lateiner – der Käufer gebe

Obacht. Ärgerlich finde ich jedoch die enorm kurze Frist von einer Woche. Um jetzt (ausnahmsweise) ein bisserl polemisch zu werden: Liebe Griechische Republik. Erst habt Ihr, als es um Euer Geld ging, monatelang die Hacken in den Teer gestellt. Nun, da es um meines geht, drängelt Ihr wie einst Xerxes vor Salamis. Habt Ihr noch alle Oliven am Baum? Wie soll man einen derart komplexen Sachverhalt binnen Wochenfrist prüfen?

So etwas nennt man Überrumpelungstaktik. Gegen diese empfiehlt sich gemeinhin das Merkelsche Verteidigungsmanöver: Man entscheidet einfach gar nichts. Das könnte funktionieren, denn in dem Anleiheprospekt findet sich folgender Passus: »Sollten weniger als fünfundsiebzig Prozent dem Umtausch zustimmen ... wird die Republik die Transaktion nicht durchführen«.

Angesichts des intransparenten Umtauschprozederes und der kurzen Frist kann man sich gut vorstellen, dass dieser Fall eintritt. Ich bin bereit, die verbleibenden zwanzig Prozent meines Anleihewerts darauf zu verwetten, dass nach dem Scheitern des Umtausches erst einmal nichts passiert. Vielleicht sogar bis 2013. Dann wird meine Anleihe fällig. Bis dahin übe ich mich in griechischer Geduld und germanischer Sturheit.

Das Depot von Delphi

Meine Sturheit hat mir nichts geholfen. Über 85 Prozent der griechischen Gläubiger haben dem Schuldenschnitt zugestimmt, weswegen ich nun gegen meinen Willen mitrasiert werde. Eine diesbezügliche Mitteilung von meiner Bank bekomme ich zunächst nicht. Die ist allerdings auch nicht notwendig, denn in den Nachrichten gibt es tagelang kein anderes Thema. Und so weiß ich nun, dass 53,5 Prozent des Nennwertes meiner Anleihen unwiederbringlich über den Styx gegangen sind. Statt 5000 werden mir nur 2675 Euro zurückgezahlt, irgendwann.

Was das jedoch genau bedeutet, verstehe ich erst, als ich einige Tage später in mein Onlinedepot schaue. Es besteht aus einem knappen Dutzend Aktien, ist also relativ übersichtlich. Nun sieht es aus, als ob darin eine Bombe hochgegangen wäre. Was sind das alles für Papiere? Insgesamt sind auf dem Bildschirm vor mir nun viermal so viele Positionen verzeichnet wie zuvor. Ich scrolle nach unten, Bildschirm für Bildschirm. Mehr als dreißig neue Papiere wurden mir ins Depot gebucht. Sie tragen Namen wie »Greece EO 2012(37) Ser. 15«. Bei vielen ist ein Wert von null Euro angegeben.

Ich rufe bei der Hotline der Comdirect an.

»Guten Morgen, Herr König.«

»Guten Morgen. Ich bin von der Griechenpleite betroffen. Ich hatte Anleihen.«

»Ja? Die Umstellung im Depot müsste bereits erfolgt sein.«

»Ist sie. Aber was zum Teufel sind das für Papiere?«

Das kann mir der Berater auch nicht so genau sagen. Ich habe den Eindruck, dass er den griechischen Schuldenschnitt kaum besser versteht als ich. Ich bedanke mich und lege auf. Nachdem ich ein wenig im Internet recherchiert habe, weiß ich zumindest so viel: Jede meiner Anleihen mit Nominalwert 1000 Euro ist im Rahmen des Schuldenschnitts atomisiert worden, aufgespalten in einen Haufen neue Papiere. Darunter sind Anleihen des griechischen Staats, aber auch Papiere des Europäischen Rettungsfonds oder anderer Institutionen.

Das ist der einfache Teil. Nun besitzt eine Anleihe aber nicht nur einen Nominalwert. Sie hat außerdem einen sogenannten Kupon. Das ist der Zinsbetrag, den man jährlich zu einem bestimmten Datum vom Emittenten der Anleihe ausgezahlt bekommt. Je genauer ich mir die einzelnen Papiere in meinem Depot anschaue, umso verzweifelter werde ich. Denn die meisten besitzen nicht etwa einen fixen Kupon von beispielsweise zwei oder drei Prozent, sondern sind stattdessen mit variablen Zinssätzen ausgestattet. Das heißt, dass es beispielsweise soviel Zinsen gibt, wie der Libor am Stichtag beträgt, plus oder minus x. Der Libor ist ein sich auf- und abbewegender Zinssatz, zu dem Banken einander Geld leihen.

Und nicht nur das: Einige der Kupons scheinen zudem an sogenannte Events oder Targets geknüpft zu sein, wie der Banker das zu nennen pflegt. Nur wenn Griechenland zu bestimmten Zeitpunkten bestimmte volkswirtschaftliche Ziele erfüllt, beispielsweise bei Wachstum oder Schuldentilgung, werden bestimmte Zinsen gezahlt (oder auch nicht).

Das Ganze ist für Sterbliche kaum zu kapieren. Die Anleihe mit der Kennummer A1G1UW (»Variabel Griechenland 12/42 auf Variabler Zinssatz«) etwa besitzt eine Verzinsung, die sich laut dem online bei der Comdirect hinterlegten Stammdatensatz »am Basiswert orientiert«. Aber was ist der Basiswert? Das steht nirgendwo. Und dann heißt es noch: »Die Höhe der Zahlungen ist abhängig von der Entwicklung des griechischen Bruttoinlandproduktes (GDP).« Aber wie genau? Und zu welchem Zeitpunkt? Dazu steht dort ebenfalls nichts.

Ich rufe noch einmal beim Kundenservice an. Nein, sagt man mir, ein Prospekt, in dem erklärt werde, für welches der Papiere man wann wieviel Geld bekomm, liege bisher nicht vor. Ich solle doch bei der griechischen Regierung nachfragen.

Geiler Tipp. Das ist vermutlich so sinnvoll, wie dem Orakel von Delphi eine E-Mail zu schreiben.

Ich beschließe, den ganzen Kladderadatsch zu verkaufen. Mir bleibt nichts anders übrig, denn obwohl diese griechischen Anleihen mein Depot verstopfen wie Spammails meine Inbox, kann ich sie ja nicht einfach löschen. Anderthalb Minuten dauert die Verkaufsprozedur, jedes Papier muss einzeln veräußert werden. Viel kommt dabei nicht rum. Auf jeden Fall viel weniger als der offizielle Restwert von 2650 Euro.

Abgesehen davon, dass ich retten muss, was zu retten ist, hat mein Notverkauf auch eine ganz praktische Seite: Seit mir die Griechen diese ganze Grütze ins Depot gekübelt haben, ist es völlig unnutzbar. Man findet vor lauter griechischen Schrottpapieren die paar guten Aktien kaum noch.

Visa, die Freiheit nehm' ich Dir

Meine Kreditkarte ist kaputt. Genauer gesagt ist sie überzogen. Das erfahre ich, als ich von einem New Yorker Hotelzimmer aus mit meiner heimischen Bank telefoniere.

»Tja, Limit liegt bei 2000 Euro, Herr König.«

Die sind dummerweise bereits für Flieger und Mietwagen draufgegangen – ich war also schon pleite, als ich in Newark vom Parkplatz rollte. Vorschläge, wie man diese missliche Situation beheben könnte, hat mein Bankberater nicht.

»Und die EC-Karte?«, frage ich. »Mein Konto ist proppevoll.«

»Damit können Sie an US-Automaten kein Geld abheben, Herr König.«

Aus purer Verzweiflung probiere ich es trotzdem. Und siehe da: Gleich der erste Automat spuckt klaglos 200 Dollar aus.

Das war vor zwanzig Jahren. Mein Vater hatte bei unserem ersten US-Trip 1983 noch mit Geldgürtel und Traveller-Schecks hantiert. Aber in den Neunzigern konnte man bereits weltweit Cash ziehen – für mich war das Globalisierung vom Feinsten. Das Maestro-Symbol in der oberen rechten Ecke der EC-Karte, es verhieß grenzenlose Freiheit.

Vor einigen Monaten bekam ich eine neue EC-Karte (die nun eigentlich Girocard heißt). Eher zufällig fiel mir auf, dass das Maestro-Logo verschwunden war. Stattdessen prangte in der Ecke nun ein Symbol des Bezahlsystems V-Pay.

Zunächst dachte ich mir nichts dabei. Doch dann erreichten mich beunruhigende E-Mails von Lesern, die die Vorzüge von V-Pay bereits kennen und fürchten gelernt hatten. Andreas G. etwa schrieb mir aus der Mongolei. Mit Maestro habe er in Ulan Bator stets problemlos Bargeld abheben können. Mit V-Pay sei dies nicht mehr möglich.

Das liegt daran, dass V-Pay, eine Marke des Visa-Konzerns, überspitzt gesagt fast nirgendwo auf der Welt funktioniert. Hält man sich in Westeuropa auf, gibt es kein Problem. Besucht man hingegen die Randgebiete der zivilisierten Welt, zum Beispiel die USA, Kanada, China, Südamerika, Australien, Ozeanien oder Japan, dann heißt es, den Geldgürtel umschnallen.

Weitgehend unbemerkt hat sich das neue System in den vergangenen Jahren ausgebreitet. In Deutschland haben über 100 Banken rund 18 Millionen V-Pay-Karten an ihre Kunden ausgegeben. Darunter sind BW-Bank, Comdirect, DKB, Landesbank

Berlin, Postbank, Targobank, Sparkassen, PSD sowie Volks- und Raiffeisenbanken.

Banken lieben V-Pay. Das System gilt als sicherer als der ältere Maestro-Standard. Nach Visa-Angaben hat es bei V-Pay seit der Einführung im Jahr 2007 keinen einzigen Betrugsfall durch Skimming gegeben, eine verbreitete Betrugsvariante, bei der Kartendaten und Pins ausgelesen werden.

Aber mal ehrlich: Stellte man Sie vor die Wahl, ob Sie lieber eine Karte besäßen, mit der man in New York, Rio und Tokio bezahlen kann – oder eine, mit der man fast nirgendwo Geld bekommt, die aber total sicher ist – welche würden Sie nehmen?

Genau, die gute alte Maestro-Karte. Das wissen natürlich auch die Banken. Das Einsatzgebiet von V-Pay ist so lächerlich klein, dass es nicht einmal Werbegenie Don Draper gelänge, Kunden diese enorme Einschränkung als Fortschritt zu verkaufen.

Mit dem Dilemma gehen viele Banken folgendermaßen um: Sie reden die Nachteile des Systems klein, so gut es eben geht.

Bei Comdirect etwa befindet sich auf dem kuvertierten Blatt, auf dem neue V-Pay-Karten kleben, unten ein vier mal drei Zentimeter großer Kasten. Dort steht in Minischrift V-Pay sei »außerhalb Europas nur eingeschränkt verfügbar«.

Die Commerzbank-Tochter findet, sie informiere die Kunden ausreichend. Sie verweist auf eine Broschüre, die man zusätzlich verschicke. Darin steht, dass »V-Pay nicht im gesamten Ausland verfügbar« sei. Übersetzung: V-Pay ist auf fünf von sechs Kontinenten nutzlos.

Und die Postbank verschickte 2011 Broschüren, in denen eine Landkarte abgebildet war. Die meisten Länder waren gelb eingefärbt, was universelle Einsetzbarkeit von V-Pay suggerieren sollte. Es handelte sich allerdings nur um eine Europakarte.

Und die in der Broschüre aufgestellte Behauptung, V-Pay funktioniere »in vielen Ländern« außerhalb der EU, war schlichtweg falsch. Laut Visa-Homepage kann man V-Pay nicht einmal im EU-Land Kroatien nutzen.

Demnächst beginnen in Deutschland die Sommerferien. Wie viele ahnungslose Bankkunden werden da wohl mit zu geringer Bargeldreserve in ferne Länder aufbrechen, irrigerweise glaubend, sie könnten mit ihrem EC-Plastikkärtchen am Reiseziel Geld abheben?

Die Banken empfehlen Kunden zum Bargeldabheben als Alternative übrigens eine Kreditkarte. Vermutlich eine von Visa.

Abgebrannt im Legoland

Playmobil oder Lego – was ist cooler? Lange präferierte mein siebenjähriger Sohn Toni Playmo, neuerdings tendiert er zu der Klötzchenfirma. Sein größter Wunsch ist es deshalb, ins Günzburger Legoland zu fahren.

Zuvor hatten wir bereits den Playmobil Funpark besucht. Er liegt im fränkischen Zirndorf und ist großartig. Der Eintritt kostet lediglich neun Euro. Fahrgeschäfte oder Spielautomaten gibt es keine, stattdessen wurden Westernstadt oder Piratenschiff in Originalgröße nachgebaut. Die Kinder können nach Herzenslust herumturnen und Dinge entdecken – in der Löwenritterburg beispielsweise ein halbes Dutzend Geheimgänge.

Als ich meiner Freundin Claudia erzähle, dass Toni und ich als nächstes Legoland in Angriff nehmen werden, gehen ihre Mundwinkel leicht nach unten.

»Waren wir schon.«

»Und, wie war's?«, frage ich.

»Ganz okay. Ein Tipp, Tom.«

»Ja?«

»Nimm Geld mit. Viel Geld.«

Legoland-Tickets sind im Branchenvergleich ziemlich teuer. 42 Euro muss ein Erwachsener berappen, Kinder zahlen 37 Euro. Parken muss man auch noch, für weitere 6 Euro. Dafür ist das Areal riesig, deutlich größer als das der Zirndorfer Konkurrenz.

Bereits aus der Ferne vernehme ich das Gekreische von Menschen, die in Rollercoastern durchgeschüttelt werden. Legoland setzt vor allem auf Fahrgeschäfte. Da es ein schöner Sommertag ist, haben sich vor selbigen lange Schlangen gebildet. Schilder erklären, ob man eine halbe, eine ganze oder gar anderthalb Stunden warten muss.

Besonders gut gefällt Toni die »Tempel X-pedition«, eine Geisterbahn, in der man mit Laserpistolen auf Monster schießt. Als wir durch sind, fragt er: »Warum können wir nicht noch mal fahren?«

»Können wir schon, aber dann müssen wir wieder anstehen.«

Toni zeigt auf zwei Jungs, die an der Schlange vorbei gehen und sich in einen der Wagen setzen. »Aber die dürfen doch auch gleich.«

»Das sind Blödnasen«, entgegne ich. »Vordrängeln ist total gemein.«

Das Anstehen nervt. Was mir aber noch mehr auf den Zeiger geht, sind jene Rummelbuden, die überall zwischen den Fahrgeschäften stehen. Dort kann man Frösche angeln oder Dosen werfen – gegen Bezahlung, natürlich. Als Gewinn gibt es kein

Lego, sondern billige chinesische Plüschdinger. Alle paar Minuten fragt Toni, ob man nicht noch hier oder da ein paar Lose oder Bälle kaufen könnte.

Natürlich ist auch Lego-Spielzeug im Angebot. Überall sind Shops platziert. Kaum können wir von einer Attraktion zur anderen laufen, ohne dass mich Toni in einen Chima- oder Star-Wars-Store zerren will.

Einige der Fahrgeschäfte sind recht innovativ. Noch größer scheint der Erfindungsreichtum der Legoleute aber zu sein, wenn es darum geht, dem bereits am Eingang zünftig geschröpften Kunden weiteres Geld aus der Tasche zu ziehen.

Das beste Beispiel dafür ist eine Attraktion namens »Piratenschlacht«. Dort fährt man mit Booten auf einem See herum und beschießt einander mit Wasserkanonen. Am Eingang hängt ein Schild mit dem Hinweis, hier werde man richtig nass. Darunter ist praktischerweise ein Automat platziert, aus dem man Einwegplastikponchos ziehen kann, das Stück zu 4 Euro. Trotzdem nass geworden? Am Ausgang befindet sich eine Batterie Heißlufttrockner. Die pusten natürlich erst, wenn die Münze klingelt.

Als ich während des Schlangestehens einen Legoland-Flyer studiere, finde ich heraus: Die Warterei müsste nicht sein. Der Park bietet nämlich für 12 Euro ein Gerät namens Express-Pass an. Damit könnte ich einen Platz in der Warteschlange reservieren, ohne anstehen zu müssen. Stattdessen geht man einfach zur angezeigten Zeit durch das Express-Gate. Falls mir das auch zu lange dauert, könnte ich für 50 Euro den Express-Pass-Gold erwerben. Der reduziert die Wartezeit um 90 Prozent – ich dürfte also quasi an der Schlange vorbeigehen, so wie die beiden Jungs, die Toni in der Geisterbahn beobachtet hat.

Man muss sich das auf der Zunge zergehen lassen: Lego baut einen Vergnügungspark, füllt ihn mit sehr vielen zahlenden Kunden und möchte dann extra Geld sehen, weil die Schlangen so lang sind. Das ist ein bisschen, als drehte man jemand für einen Euro einen wurmstichigen Apfel an und forderte dann einen weiteren Euro dafür, dass man die gömmelige Stelle rausschneidet.

Als wir am Abend Günzburg verlassen, bin ich ziemlich genervt und ziemlich pleite. Sehnsüchtig denke ich an den Playmobil Funpark zurück. Auch dort gab es einen Shop, einen verdammt großen sogar. Aber zu dem gelangt der Besucher erst, wenn er das Areal verlässt. Der Rest des Parks ist hingegen komplett kommerzfrei.

SELBST SCHULD, WENN SIE HIER KUNDE SIND

Eine Behörde namens Apple

Das Netzteil meines iPhones versieht zwar klaglos seinen Dienst, kann aber im ungünstigsten Fall anfangen zu kokeln. Apple bietet deshalb einen kostenlosen Austausch an.

Laut den Infos auf der Firmenwebseite kann ich mein Ladegerät anscheinend nicht einschicken. Stattdessen muss Kunde König persönlich in Apfelhausen vorstellig werden: »Bringen Sie das/die betroffene(n) Netzteil/e zu einem Apple Store oder einem teilnehmenden autorisierten Apple Service Provider zurück.«

Als ich einige Tage später mit meinem siebenjährigen Sohn Toni in der Stadt etwas erledige, schaue ich kurz entschlossen im Apple Store vorbei.

Am Eingang steht eine lächelnde junge Dame in blauem T-Shirt und begrüßt mich freundlich.

»Guten Tag«, sage ich. »Ich möchte gerne mein Netzteil umtauschen.«

»Da müssen Sie sich an die Kollegin mit dem roten iPad wenden. Die gibt Ihnen weitere Informationen.«

Eine erste Ahnung beschleicht mich, dass die Sache vielleicht komplizierter wird, als erwartet. Aber was hatte ich eigentlich erwartet? Nun, dies ist Apple. Deshalb schwebte mir wohl ein Designertisch vor, darauf eine makellose Pyramide aus funkelnden neuen Ladegeräten – ferner eine Designermülltonne, in die man das alte Netzteil kloppen kann.

Wir gehen stattdessen zu der Frau mit dem iPad. Sie ist, das weiß ich von früheren Besuchen, die Apple-Version des Maitre d' in einem Sternerestaurant. Ohne sie geht hier nichts.

»Guten Tag«, sage ich. »Ich möchte gerne mein Netzteil umtauschen.«

»Haben Sie denn einen Termin?«, fragt sie und tippt etwas in ihr iPad. Sie schaut dabei etwas streng. So ähnlich guckt vermutlich auch der Maitre d' in Schubecks »Tiroler Stuben«, wenn man am Samstagabend blauäugig auftaucht und ohne Reservierung einen Tisch will.

Aber dies ist kein Sternerestaurant, sondern ein Elektrofachgeschäft. Deshalb sage ich: »Ich will doch nur mein Netzteil umtauschen.«

»Ja, da müssen Sie einen Termin vereinbaren. Steht auch so auf unserer Webseite.«

»Was ist denn so schwierig am Austausch eines Steckers?«, frage ich etwas gereizt.

»Na ja, unser Techniker muss da ran. Wir können ja mal schauen, ob vielleicht doch jemand Zeit hat. Allerdings dauert das alles ein wenig. Wie viel Zeit haben Sie denn?«

»Was heißt denn ›dauert ein wenig‹?«, frage ich.

»Eine Dreiviertelstunde wird's schon. Wir haben die Teile hier schließlich nicht im Regal hängen.«

Solltet ihr aber, wenn ihr einen groß angelegten Rückruf startet. Diesen Kommentar verkneife ich mir jedoch. Stattdessen mache ich einen Vorschlag: »Okay. Dann geben Sie mir doch einen Termin in einer Dreiviertelstunde, wir gehen noch was einkaufen und dann kommen wir wieder.«

Sie schüttelt den Kopf. »Nein das geht leider nicht. Sie müssten schon hierbleiben. Steht auch alles so auf unserer Webseite.«

»Ist Ihnen aufgefallen«, ich deute auf Toni, »dass ich ein kleines Kind dabei habe?«

Sie nickt verständnisvoll, sagt aber, da könne man wenig machen. »Sie müssen halt beim nächsten Mal einen Termin vereinbaren.«

Fehlt eigentlich nur noch, dass man eine Nummer aus dem Automaten ziehen muss. Kopfschüttelnd und mit dem ollen Netzteil in der Hosentasche verlasse ich den Apple Store. Zuhause schaue ich mir nochmals die Umtauschinformationen auf der Webseite an. Ganz unten steht: »So finden Sie Teilnehmer an diesem Rücknahmeprogramm«. Und neben »Apple Store« befindet sich ein Link, über den man zur Terminvergabe der Genius Bar (so heißt bei Apple die Servicetheke) kommt. Nirgendwo steht, dass die Sache mit dem Termin zwingend ist (Apples deutsche Presseagentur reagierte zunächst nicht auf die Bitte um Stellungnahme).

Den meisten anderen Unternehmen würde man derlei Schludrigkeiten durchgehen lassen. Aber hier geht es um Apple, eine Firma die (nicht völlig zu Unrecht) für sich beansprucht, bei Design und Technologie, aber auch bei Benutzer- und Kundenfreundlichkeit absolute Weltspitze zu sein. Davon ist das kalifornische Unternehmen in diesem Fall jedoch weit entfernt.

Es ist doch so: Das Netzteil ist schadhaft. Verbockt hat das Apple. Folglich sollte Apple die Sache geradeziehen, ohne dass ich als Kunde große Scherereien habe. Die ideale Lösung wäre ein Mail-in der Netzteile gewesen, mit auf der Seite herunterladbaren, vorfrankierten Adressaufklebern. Stattdessen lässt Apple seine Kunden persönlich antanzen und ist dann nicht einmal auf sie vorbereitet. Die Mitarbeiter vor Ort sind zudem weder willens noch in der Lage, flexibel zu reagieren. Lieber verweisen sie auf das Reglement auf dem Second Screen ihrer Webseite.

Sorry Apple, aber sich hinter Kleingedrucktem zu verschanzen, das ist höchstens zweitklassig und eines Unternehmens Eures Formats unwürdig. Vielleicht wäre es an der Zeit, dass Ihr Euch an folgenden Ausspruch eines gewissen ehemaligen Apple-Vorstandschefs erinnert: »Du musst mit der Kundenerfahrung anfangen und Dich von da rückwärts zur Technologie vorarbeiten – nicht andersherum.«

Gute Kunden sind verdächtig

Ich brauche ein zweites Handy, ausschließlich fürs Geschäftliche. Ein neuer Mobilfunkvertrag muss also her. »Nimm doch Aldi Talk«, schlägt meine Frau Tanja vor. »Kostet nur zehn Euro im Monat.«

Nein danke – ich habe keine Lust, auf Tarife, bei denen man auf Kärtchen zehnstellige Codes freirubbeln und auf die Uhrzeit (»Bonusminuten nur zwischen 23 und 5 Uhr«) achten muss.

Ich bin ein viel reisender Freiberufler, ein homme d'affaires, und derlei Geknickere kann ich mir nicht leisten. Ich brauche ein Handy, das uneingeschränkt funktioniert.

Bei Mobilcom-Debitel (MD) buche ich deshalb die S-Klasse unter den Tarifen: die SuperFlat Internet Allnet. Deren Grundgebühr liegt jenseits der 90 Euro. Dafür telefoniert man ohne Limit in alle Netze, die Zahl der Inklusiv-SMS liegt bei dreitausend Stück.

Die ersten Tage läuft alles reibungslos. Doch irgendwann fällt mir auf, dass mich ein Geschäftspartner hätte anrufen sollen, es aber nicht getan hat. Ich überprüfe mein Handy. Der Akku ist voll, aber das Netz ist weg.

Dummerweise ist Freitagabend, bei der MD-Hotline geht niemand mehr ans Telefon. Am Samstagmorgen werde ich im örtlichen Shop vorstellig.

»Tut mir leid, Herr König. Ihre Karte wurde gesperrt.«

»Gesperrt? Aber warum? Ich hab' das Handy doch erst seit ein paar Tagen.«

Der Mitarbeiter zuckt mit den Schultern. »Müssen Sie bei der Hotline anrufen.«

»Die sind aber am Wochenende nicht erreichbar«, protestiere ich, »sondern erst wieder am Montag.«

Der Mann bedauert diesen Umstand außerordentlich. Aber er könne da auch nichts machen.

Montagmorgen ist der Andrang bei der Hotline riesig, weswegen es etwas dauert, bis ich jemanden an die Strippe kriege. Der Servicemitarbeiter weiß auch nicht so genau, warum man mich abgeklemmt hat. Er verspricht aber, die Sperre aufzuheben und gelobt, so etwas werde nicht wieder vorkommen.

Ich bete, dass er Recht hat. Denn am darauffolgenden Tag fliege ich nach New York. Tatsächlich entsperrt MD das Telefon rechtzeitig, und ich kann in Manhattan problemlos telefonieren.

Als ich einige Tage später zurück in Deutschland bin, gibt mein Handy erneut den Geist auf – praktischerweise wieder an einem Freitag.

So ein Wochenende ohne nervige Anrufe von Freunden hat ja auch seinen Reiz.

Am Montag hänge ich mich erneut in die Warteschleife. Ich sage, dass ich mit jemandem aus der Verwaltung sprechen möchte. Mit jemand, der mir sagen kann, warum mein Telefon andauernd abgeklemmt wird.

Die nächsten dreißig Minuten werde ich herumgereicht wie eine Flasche Cinzano Bianco auf einer Bottleparty. Schlussendlich stellt man mich zu einem Justiziar durch, nennen wir ihn Herrn A.

»Nun, Herr König, Sie besitzen leider das Profil eines Hochrisikokunden.«

Nur sehr, sehr wenige Menschen wählten diesen sehr, sehr teuren Tarif, sagt Herr A. Er redet ein wenig um den heißen Brei herum, aber verkürzt gesagt ist seine Message diese: Wer in Zeiten der 9,95-Euro-Handyflat das Zehnfache ausgibt, kann augenscheinlich nicht mit Geld umgehen.

»Und dann sind da Ihre Auslandsaufenthalte, Herr König.«

»Ja, was ist mit denen?«

»Sie waren in London, und danach in New York. Beide Male«, sagt Herr A., »haben Sie von dort ... telefoniert. Und dann ist da noch Ihr Schufa-Eintrag.«

Aus kolumnistischem Interesse lasse ich mir meinen Schufa-Eintrag regelmäßig schicken. Deshalb weiß ich, dass er sich wie das Führungszeugnis des Heiligen Franziskus liest.

»Was ist mit meiner Bonität? Der Wert liegt über 99 Prozent.« Genau das sei das Problem, sagt Herr A. Derart perfekte Einträge gebe es fast nie. Meine Schufa-Score, das will er mir wohl mitteilen, ist auffällig unauffällig.

Auslandsgespräche, Premiumtarif, Top-Bonität – all diese Faktoren machen mich nach der bizarren Logik des MD-Risikomanagement-Computers anscheinend zu jemandem, dem man genau auf die Finger schauen muss. Sobald Tom König, die tickende bilanzielle Zeitbombe, in Brooklyn oder Bloomsbury wieder 30 Euro für ein Telefonat raushaut, wird deshalb die nächste Sperre fällig.

Einige Tage darauf kriege ich das schriftlich: MD sei berechtigt, bei »stark auffälligem Nutzungsverhalten«, Karten zu deaktivieren. »Die Sperrung Ihres Mobilfunkanschlusses erfolgte gemäß § 7.1 unserer AGB, da Sie ein erhöhtes Gebührenaufkommen aufgrund der Nutzung Ihres Handys im Ausland hatten.«

Ich schreibe zurück, dass ich unter diesen Umständen meinen Vertrag gerne auflösen möchte. Das lehnt MD ab.

Die Pressestelle von MD erklärt auf Anfrage: »Dass es sich um einen Hochrisiko-Kunden handelt, trifft nicht zu.« Vielmehr handele es sich bei der (in meinem Fall dreimal erfolgten) automatischen Sperre »um eine Sicherheitsvorkehrung, welche aus unserer Sicht für beide Seiten sinnvoll ist.« Darüber hinaus sei eine unauffällige Schufa positiv und werde »unseren Kunden nicht zum Nachteil ausgelegt«.

Ich hätte auf Tanja hören sollen, zumindest ein bisschen: Für die 90 Euro hätte ich zehn SIMs von Aldi Talk kaufen können.

Falls die mir wegen exzessiver Quasselei dann eine der SIMs sperren, könnte ich einfach eine andere ins Handy stecken.

Wenn Unternehmen nicht rechnen können

Der US-Journalist und Großzyniker Hunter S. Thompson glaubte, Politiker und Unternehmer besäßen keinerlei Unrechtsbewusstsein: »In einer Gesellschaft, in der alle schuldig sind, ist das einzige Verbrechen, sich erwischen zu lassen. In einer Welt voller Diebe ist Dummheit die einzige verbleibende Sünde.«

Das ist ziemlich starker Tobak. Mir persönlich widerstrebt es, anzunehmen, dass die Welt nur aus Wölfen besteht. Aber jedes Mal, wenn ich wieder einen Schub Leserbriefe zum Thema Kundenservice bekomme, muss ich an Thompsons Worte denken.

Denn es scheint eine erschreckend große Gruppe von Unternehmen zu geben, die nach dem Thompson'schen Prinzip operiert: Es ist nicht wichtig, ob eine Sache legal ist. Es ist nur wichtig, nicht erwischt zu werden.

Einige Firmen haben dieses Prinzip perfektioniert. Sie besitzen große Rechts- und Kommunikationsabteilungen, die alle unternehmerischen Handlungen und Maßnahmen kontinuierlich auf ihre Vertretbarkeit abklopfen.

Vertretbar ist dabei alles, was einem im Streitfall nicht auf die Füße fällt. Ob das Ganze auch rechtmäßig ist, scheint eine sekundäre Erwägung zu sein. Vor allem wenn man aufgrund des Prüfprozesses zu dem Schluss kommt, dass einem juristisch betrachtet wenig passieren kann.

Dutzende Kunden beschweren sich, weil ihre Kündigungen verschlunzt wurden? Alles bedauerliche Einzelfälle. Das UMTS-Netz fällt immer wieder aus? Störungsmeldungen liegen uns derzeit nicht vor. Und wer das nicht glaubt, soll erst mal das Gegenteil beweisen.

Viele Menschen fragen sich, warum Unternehmen für derlei routinemäßige Gaunereien nicht öfter angeprangert werden. Die frustrierende Antwort lautet, dass dies meist nicht möglich ist.

Würde ich zum Beispiel behaupten, Unternehmen X schmeiße eingehende Kündigungen vorsätzlich in den Mülleimer, wäre das schließlich ein gravierender Vorwurf, nämlich der des gewerbsmäßigen Betrugs. Um so etwas nachzuweisen, bedarf es mehr als einer irgendwie seltsam anmutenden Häufung von Einzelfällen, zumindest, wenn man nicht in Grund und Boden geklagt werden möchte.

Es gibt jedoch Anekdoten, die derart oft bei mir eintrudeln, dass man ihr zufälliges Zustandekommen zumindest stark anzweifeln darf. Hier eine kleine Auswahl. Die Unternehmensnamen müssen Sie sich selbst dazu denken:

Strombonus? Welcher Strombonus? Viele Versorger ködern Kunden mit einem Kilowattstunden-Bonuspaket. Es sollte normalerweise im Rahmen der ersten Jahresabrechnung vom Verbrauch abgezogen werden. Es gibt da draußen jedoch Firmen, die das anscheinend in recht habitueller Weise vergessen und den Bonus erst auf Nachfrage (»bedauerlicher Buchungsfehler«) gewähren.

Das kann ich Ihnen mündlich geben! Diese Masche wird so häufig angewendet, dass ich mit den dazugehörigen Leserbriefen mein Büro tapezieren könnte. Der Kunde erklärt einem Hotline-Mitarbeiter, er wolle kündigen und erhält von diesem subito eine mündliche Bestätigung. De jure ist damit alles in Butter, de facto scheinen viele Firmen ihre Mitarbeiter anzuweisen, in derlei Fällen nichts weiter zu unternehmen. So lassen sich noch ein paar Monatsbeträge einheimsen.

Viröse Virenscanner: Telefonanbieter versuchen routinemäßig, DSL-Neukunden Zusatzpakete mit Virenscanner-Software zu verkaufen, die einige Euro extra kostet. Viele Kunden, die diese Software dankend ablehnen, finden sie später dennoch auf ihrer Rechnung. Selbst nach erneuter Kündigung taucht der Dienst oft weiter auf.

Nanu, ich hab' ja LTE? Was dem DSL-Kunden sein Virenscanner ist dem Handybesitzer sein Zusatztarif. SMS-Pakete, LTE-Addons, Mehrwertdienste – immer wieder berichten Kunden über Posten, die auf ihrer Rechnung auftauchen, ohne dass sie die fraglichen Leistungen je geordert hätten.

Die Liste ließe sich beliebig fortsetzen – wenn Sie auch eine miese Masche kennen, dann schreiben Sie an warteschleife@spiegel.de.

All diese Phänomene bezeichnen Unternehmen auf Anfrage natürlich als Einzelfälle. Und wer weiß? Vielleicht ist die Billing- und CRM-Software vieler Konzerne ja tatsächlich fehleranfälliger, als der Laie denkt.

Als fantasiebegabter Mensch male ich mir jedoch Folgendes aus: Wäre ich Topmanager eines Unternehmens mit Hunderttausenden oder gar Millionen von Kunden und ich drohte, das mir gesteckte Umsatzziel zu verfehlen – was würde ich dann tun?

In einem schwachen Moment würde ich bestimmt einmal darüber nachdenken, ein oder zwei Prozent meiner Vertragskunden einen Extradienst für ein paar Euro aufs Auge zu drücken. Bei Beschwerden wären meine Mitarbeiter extrem kulant. Gleichzeitig wüsste ich, dass ein erheblicher Teil meiner Kundschaft nichts merken würde. Und ich ohne Mühen ein paar Millionen Umsatz zusätzlich generiert hätte.

Was kann man gegen solche Schweinereien tun? Vermutlich nichts, außer paranoid zu sein, seine Rechnungen penibel zu prüfen und keinerlei mündliche Vereinbarungen zu treffen. Oder wie Hunter S. Thompson gesagt hätte: »Wenn Schweine an der Macht sind, (...) müssen wir auf der Hut sein. Obsiegen können wir nicht. Aber wir können zumindest verhindern, dass wir vollständig verlieren.«

NSA-Spionage für Jedermann

Die E-Mail-Adresse ist unser digitaler Fingerabdruck. Weil sie in der Regel mit vielen Onlinekonten verknüpft ist, lässt sich durch sie einiges über die dahinterstehende Person herausfinden. Der US-Geheimdienst NSA tut dies mithilfe der Software XKeyscore. Dort gibt man eine E-Mail-Adresse ein und bekommt schwuppdiwupp ein umfängliches Dossier geliefert.

Das kann ich ebenfalls, wenn auch in etwas bescheidenerem Umfang.

In den vergangenen Jahren haben wir gelernt, dass Geheimdienste sich einen feuchten Kehricht um Datenschutz scheren und so ziemlich alles über uns sammeln und speichern. Was dabei in den Hintergrund geraten ist: Die Privatwirtschaft setzt ganz ähnliche Technologien ein, und das bereits seit Jahren.

Um dies zu illustrieren, habe ich ein kleines Experiment durchgeführt. Ich wollte wissen, ob auch ich Personenprofile erstellen kann. Dazu habe ich in sozialen Netzwerken dazu aufgerufen, mir E-Mail-Adressen zur Verfügung zu stellen. Viele sind diesem Aufruf gefolgt und haben der Verwendung ihrer Daten zugestimmt.

Im nächsten Schritt lud ich die Adressen bei Rapleaf hoch. Die US-Firma gilt als die NSA unter den kommerziellen Datenhändlern. Rapleaf hat auf seinen Servern eigenen Angaben zufolge 1,1 Milliarden E-Mail-Adressen gespeichert.

Die Adressen reichert das Unternehmen, wie das im Branchenjargon heißt, mit weiteren Daten an. Verwendete Quellen sind unter anderem Einkaufshistorien, Aktivitäten in sozialen Netzwerken, Surfverhalten oder Grundbucheinträge.

Rapleaf ist komplett webbasiert, Zugangsbeschränkungen gibt es nicht. Jeder Interessierte kann beliebig viele E-Mail-Adressen mit der Datenbank abgleichen. Zu den Merkmalen, die Rapleaf für Adressen anbietet, gehören Geschlecht, Haushaltseinkommen, Familienstand, Kinder oder Ausbildung. Zudem kann man Hobbys oder persönliche Interessen (Kunst, Babyartikelkäufe, Haustiere) abfragen. Dafür muss man bezahlen, es kostet pro Adresse und Merkmal einen US-Cent.

Die meisten der von mir überprüften Adressen gehören deutschen Nutzern, und so ist die Ausbeute bei den meisten gering, da Rapleaf vor allem in den USA aktiv ist und vornehmlich dortige Datenbanken durchforstet, etwa das US-Wahlverzeichnis.

Bei drei Viertel der untersuchten Adressen war das Geschlecht abrufbar, mitunter sind auch das Alter oder einzelne Merkmale vorhanden. Das Profil einer Amerikanerin, das ich abrief, war hingegen sehr umfänglich: Haushaltseinkommen, Kinder, Wert der Immobilie, Schulabschluss, Postleitzahl und vieles mehr.

Am meisten verblüffte mich jedoch, wie einfach es war, an all diese Kundendaten zu kommen. Es mag zynisch klingen, aber Rapleafs Usability ist hervorragend. Selbst ein IT-Depp wie ich kann damit mühelos Leute auschecken. Vor allem das Hin- und Herschieben von Datensätzen ist kinderleicht. Verwendet man Newsletter-Software wie Mailchimp oder ExactTarget, lassen sich die dort hinterlegten Adressen mit einem einzigen Klick überführen und auswerten.

Nach deutschem Recht wäre all das nicht zulässig, jedenfalls nicht ohne ausdrückliche Einwilligung der Betroffenen. Das ergab eine Anfrage beim Bundesbeauftragten für Datenschutz und Informationsfreiheit (BfDI). Dessen Sprecherin teilte mit, ihr sei Rapleaf zwar nicht bekannt, das Ganze sei aber als »geschäftsmäßige Datenerhebung und Speicherung zum Zweck der Übermittlung« nach §29 Bundesdatenschutzgesetz einzustufen. Erheben und Speichern der Daten wie auch die Übermittlung an Dritte stünden daher unter dem Vorbehalt, dass schutzwürdige Interessen der Betroffenen dem nicht entgegenstehen. Da Rapleaf jedoch heikle Daten wie Einkommen verkauft, kann man davon ausgehen, dass die Verwendung nach deutschem Recht problematisch ist.

Rapleaf reagierte nicht auf eine Bitte um Stellungnahme.

Man weiß nicht, ob sich hiesige Firmen dieses oder ähnlicher Tools bedienen. Aber da es offenbar keinerlei Kontrolle gibt (ich habe mit einer deutschen Kreditkarte bezahlt und wurde nicht nach der Herkunft der Daten gefragt) kann man vermuten, dass einige Unternehmen es tun, vielleicht sogar viele. Wenn man die nach deutschem und europäischem Recht fragwürdigen Datentransfers über eine Agentur oder direkt über die USA abwickelt, liegt das Risiko, erwischt zu werden, wohl nahe null.

Sicher scheint mir, dass uns Verbraucher niemand vor diesen kommerziellen Datendieben schützt. Und genau wie bei den Geheimdiensten gilt: Das Ausmaß der Schnüffelei und die vermutlich ziemlich entsetzliche Realität können wir nur erahnen. Beweisen lässt sie sich erst, wenn ein mutiger Whistleblower auspackt.

Wann gibt's mal wieder richtig Service?

Die einfachen Fragen sind immer am schwersten zu beantworten. Eine von ihnen lautet: »Warum ist der Service so schlecht geworden?«

Die Frage lässt mich jedes Mal nach Luft schnappen. Es gibt kein umfassendes Modell, das die gesamte Misere erklärt. Oder doch? Hier ein Versuch.

Warum wir in der Warteschleife schmoren, lässt sich mithilfe einer Beispielbranche erklären, den Fluglinien. Deren Geschäftsmodell basierte jahrzehntelang darauf, Kunden teure Tickets zu verkaufen, wenn die Maschine voll und billige, wenn sie leer war.

Möglich war dies aufgrund einer Informationsasymmetrie: Lufthansa besaß einen IBM-Mainframe, der stets den höchsten erzielbaren Ticketpreis ermitteln konnte. Der Kunde besaß Bleistift und Papier.

Dann kam das Internet. Plötzlich hatte jeder Konsument mehr Rechenpower als die gesamte Luftfahrtbranche. Die Informationsasymmetrie kehrte sich um. Mit der Serverleistung aus der Cloud konnte nun der Kunde stets den niedrigsten Preis finden.

Anstatt ihr nicht mehr realitätstaugliches Ticketmodell einzumotten, zückten die Fluglinien als Antwort die Preiskarte. Das ging natürlich nur, weil sie parallel ihre Kosten senkten, sprich: ihren Service zusammenstrichen.

Das Ergebnis dieser Abwärtsspirale: Wer heute von München nach London fliegt, dem ist es schnurz, ob das daumennagelgroße Logo neben dem von der Suchmaschine ausgeworfenen best price blau-gelb, rot-weiß oder orange ist. Fluglinien besitzen keinen erkennbaren Markenkern mehr; sie sind nur noch leere Hüllen, auf denen ein kreischbuntes Preisschild klebt.

Während bei den Airlines bereits das Endstadium erreicht ist, läuft der Prozess in anderen Branchen noch. Das Internet hat in allen Sektoren für gnadenlose Transparenz gesorgt. Um dem daraus resultierenden Preis- und Kostendruck standhalten zu können, dezimierten mehr und mehr Unternehmen Kundenservice und andere »weiche« Qualitätsfaktoren ihrer Produkte. Banken wurden dadurch auf ihren Tagesgeldsatz reduziert, DSL-Anbieter auf ihren Flatratetarif.

Die beteiligten Akteure bemerkten die Nachteile dieser Entwicklung lange Zeit nicht, so wie ein Frosch, der in einem sich langsam erwärmenden Wasserbad sitzt. Die Kostenersparnisse, sowohl für Kunden als auch für Firmen, schienen zu überwiegen. Dass man manchmal etwas länger in der Hotline hing, dass mitunter ein verärgerter Kunde kündigte – vernachlässigbar.

Es hätte uns eigentlich klar sein müssen, dass es nicht ewig so weitergeht.

Denn irgendwann werden Produkte durch das Fehlen jeglicher Serviceinfrastruktur so grottig, dass sie de facto nicht mehr verwendbar sind. Was nutzt einem ein superbilliges Smartphone, wenn das dazugehörige UMTS-Netz nicht funktioniert und dieser Umstand den Anbieter nicht interessiert? Welchen Wert hat ein Geschäftsreisen-Flugticket, wenn die Airline andauernd zu spät landet?

Überhaupt keinen. Ergo sinkt der Preis, den man dafür zu zahlen bereit ist, in Richtung null.

Für mich gibt es bereits etliche solcher Nicht-Produkte. Auf meiner schwarzen Liste stehen Firmen, deren Dienste so unterirdisch waren, dass ich sie für keinen Schnäppchenpreis der Welt je wieder nutzen würde. Aus Tausenden Leserbriefen gewinne ich den Eindruck, dass inzwischen viele Menschen derartige Blacklists unterhalten.

Unternehmen, in die keiner mehr investiert.

Die zweite, oft gestellte Frage, lautet: »Wann wird das mit dem Service denn endlich wieder besser?«

Vielleicht schon bald.

Durch das Web wird erstmals offenbar, was für ein Massenphänomen schlechter Service geworden ist. Als beispielsweise eine Vodafone-Kundin auf der Facebook-Seite des Unternehmens schrieb: »Sobald meine Verträge auslaufen, wird alles gekündigt!!!«, erhielt ihr Post umgehend 145.000 Likes. Das sind Dimensionen, bei denen es einem als Firma kalt den Rücken hinunter laufen muss. Es ist schon viel über die vermeintliche Macht des Shitstorms geschrieben worden. Ich glaube nicht, dass Internet-Kundenproteste per se zu besserem Service führen. Helfen wird uns vielmehr jemand, von dem wir keine Hilfe erwartet hätten: renditegeile Aktionäre.

Der Service ist mancherorts inzwischen so schlecht, dass er das Geschäft bedroht. Und da verstehen Investoren keinen Spaß: Ein Vorstand, der seinen Großaktionären keine Antwort auf die Frage liefern kann, warum ein Viertel seiner Kunden seine Marke zum Kotzen findet, wird über kurz oder lang ebenso gefeuert wie der Boss einer Fluglinie, dem wegen Serviceproblemen die Passagiere davonlaufen. Dahinter steckt keine Kunden- oder gar Menschenfreundlichkeit, sondern kühles kapitalistisches Kalkül.

Es ist paradox: Internettransparenz und Profitorientierung haben uns den schlechten Service beschert. Und sie werden es auch sein, die uns irgendwann wieder davon erlösen.

Wir haben geöffnet. Aber bitte kommen Sie nicht.

Vor einiger Zeit schmorte ich in Tegel auf dem Rollfeld. Seit einer halben Stunde saß ich in einem Air-Berlin-Flieger, der partout nicht abheben wollte. Es war stickig, mein Rücken schmerzte und zu trinken gab es auch nichts. Da ich meine Zeitung bereits durchhatte, blätterte ich genervt in der Kundenzeitschrift der Airline. Als ich zum Cartoon auf der letzten Seite kam, klappte meine Kinnlade herunter.

Dort war ein Kunde abgebildet. Er saß in einer königlichen Sänfte, die von knackigen Stewardessen über einen roten Teppich zur Maschine getragen wurde. Vor ihm stand ein Glas Champagner. Über dem glücklichen Passagier schwebte eine Gedankenblase. Darin stand: »Wie im siebten Himmel!«

Ich fühlte mich anders als dieser kleine Comickundenkönig. Und nichts, das ich über Air Berlin schreiben könnte, brächte die Defizite dieser Airline besser auf den Punkt als jener realitätsferne Cartoon, in dem sich das marode Unternehmen selbst belobhudelte.

Derlei entlarvende Bilder gibt es öfters, als man denkt. Oft reicht ein Werbeplakat oder eine Hinweistafel, um zu offenbaren, wes Geistes Kind ein Unternehmen oder eine Behörde ist. Hier ein paar Beispiele, die mir in letzter Zeit untergekommen sind:

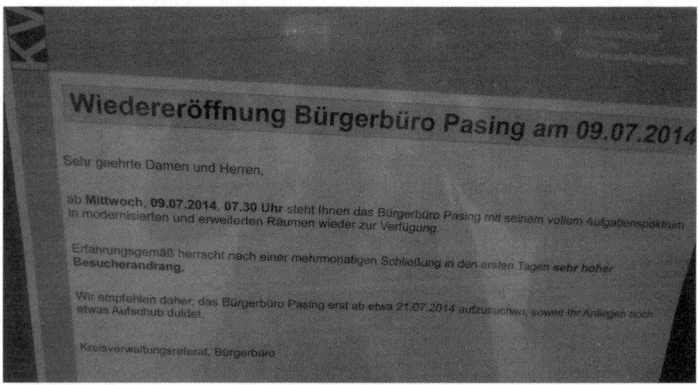

Wenn man aus dem Urlaub zurückkommt, sind zunächst 1347 E-Mails zu sichten, bevor man die Arbeit wieder aufnehmen kann. So geht es wohl auch einigen Mitarbeitern des Münchner

Kreisverwaltungsreferats. Ihre Außenstelle in Pasing war über sechs Monate geschlossen. Ersatzlos. Wegen dringlicher Umbauten. Nun öffnet sie wieder, also, mehr oder minder. Aber wenn Sie unbedingt vorbeischauen wollen, erwarten Sie bitte in den ersten Wochen keinen Service.

Nichts, das weiß jeder Topbanker, ist lästiger als ein Retailkunde – bringt nix ein und nervt. Deshalb haben fast alle Institute am Eingang ihrer Filialen Automatenparks errichtet, gewissermaßen als Fliegenfänger. Leider gibt es immer noch Nervensägen, die den Wink mit dem Zaunpfahl nicht verstanden haben. Bei der Deutschen Bank hat man sich nun etwas einfallen lassen, damit auch die letzten kapieren, dass man Berater nicht mit Überweisungsgedöns belästigen soll: das Kunden-Stoppschild.

Apropos Banken: Viel zugänglicher werden Banker, wenn es um Fonds oder Hypotheken geht. Allerdings gilt die Vermögensberatung der meisten Institute als ziemlich mies. Dies merkt der Kunde freilich erst, wenn es schon zu spät ist. Aber in dieser Commerzbank-Filiale gibt es gewisse Warnzeichen. Mal Hand aufs Herz: Würden Sie eine Immobilienfinanzierung von jemandem kaufen, der nicht einmal den Namen seines Arbeitgebers schreiben kann?

Air Berlin hat bei vielen Kunden inzwischen einen eher durch-
wachsenen Ruf. Ob ein derart weit von der Realität entfernter
Cartoon da wirklich eine gute Idee ist?

Bei uns gibt es auf alles zehn Prozent. Außer auf Fleischprodukte. Und Milchprodukte. Und Eier. Und alles, was gefroren daherkommt. Ferner sind bestimmte Dinkelarten nicht rabattierbar. Außer Dienstags. Die vollständige 17-seitige Ausschlussliste erhalten Sie auf Nachfrage an der Kasse.

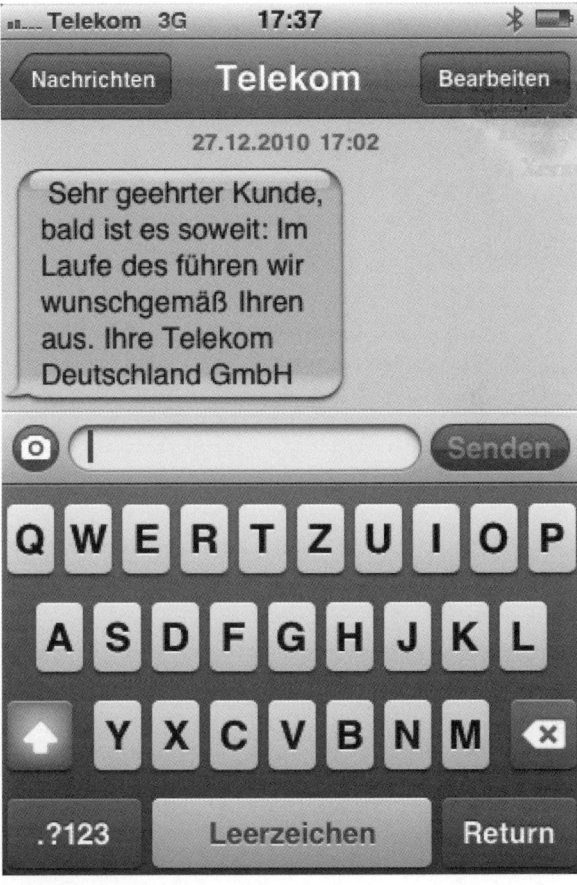

Es ist wichtig, als Dienstleister Kontakt zum Kunden zu halten. Man muss ihn zeitnah wissen lassen, dass sein Anliegen bearbeitet wird, zum Beispiel per SMS. Denn wer einen bestellt, der will schließlich informiert werden, wenn am der endlich freigeschaltet wird.

VON SCHNELL-SCHWATZERN UND MUNDFAULEN

Die Geister, die ich anrief

Neulich hing ich mal wieder in der Warteschleife. Geboten wurde Ludwig van Beethovens »Pour Elise«, allerdings nicht von Richard Clayderman, sondern von einem namenlosen einarmigen Pianisten mit dreißig Jahre alter Bontempi-Orgel. Armer Ludwig van, das hatte er sich bestimmt anders vorgestellt.

Telefonwarteschleifen sind die Geißel des Kundenservice. Jeder hasst sie. Aber warum gibt es sie dann überhaupt? Erfunden hat sie 1962 der Amerikaner Alfred Levy, ein Fabrikbesitzer aus Long Island. Als Levy eines Tages den Hörer seines Telefons ergriff, da vernahm er plötzlich ferne Stimmen und seltsame, ätherisch anmutende Musik.

Engel? Dämonen? Oder vielleicht die Russen?

Levy ging der Sache nach und löste das Geheimnis: Neben seiner Fabrik befand sich eine Radiostation, aufgrund der es zu Interferenzen kam, die das Gedudel verursachten. Dem Entrepreneur gefiel die geisterhafte Telefonmusik derart gut, dass er sich ein »Telephone Hold Program System« patentieren ließ – die Warteschleife war geboren.

So interessant diese Anekdote klingt, so unbefriedigend ist sie. Denn die Geschichte erklärt zwar, wie es zur Warteschleife kam – aber nicht, warum sie noch immer eingesetzt wird. Dass irgendein Typ in New York vor über fünfzig Jahren mysteriöse Stimmen in seinem Kupferkabel hörte, ist schließlich keine gute Begründung dafür, dass ich mir bei jedem kleinen Serviceproblem Beethoven, Fahrstuhljazz oder sogar Coldplay anhören muss.

Anders als damals gibt es heute nämlich keinen Grund mehr, Warteschleifen einzusetzen. Levy lebte in der »Mad Men«–Ära. Damals musste man nicht nur auf seinen Gesprächspartner warten, sondern auch darauf, dass überhaupt eine Leitung geschaltet wurde. Schon möglich, dass die dadurch entstehenden Wartezeiten nur mit diversen Martinis, Lucky Strikes und Jazzmusik aus dem Telefonhörer erträglich wurden.

Inzwischen gibt es jedoch Computer. Wer einen Bekannten anruft, dem passiert mit an Sicherheit grenzender Wahrscheinlichkeit eines von drei Dingen:

Der Typ geht ran.

Seine Voicebox geht ran.

Man darf eine Rückrufbitte per SMS senden.

Das ist der technologische Status quo, allerdings nur bei Privatpersonen. Die Callcenter globaler Konzerne mit zig Milliarden Euro Jahresumsatz bleiben größtenteils hinter dieser Minimallösung zurück und setzen stattdessen weiter auf das Sechzigerjahre-Prinzip »Dudeldum, bis die Ohren bluten«.

Glücklicherweise greift seit Kurzem die nächste Stufe des novellierten Telekommunikationsgesetzes. Es sieht vor, dass Unternehmen für Warteschleifen beim Kunden nicht mehr abkassieren dürfen. Stattdessen muss der, der die Musik bestellt hat (höhö), sie nun auch bezahlen. Levys »Telephone Hold Program System« wird damit zu einer Kostenfalle für Konzerne – gut so!

Es wäre die ideale Gelegenheit, diese überkommene Technologie endlich abzuklemmen. Schluss mit »Ihr Anruf ist uns wichtig.« Nie wieder »Die geschätzte Wartezeit beträgt sieben Minuten.« Auf Nimmerwiedersehen »Der nächste freie Platz ist für Sie reserviert.«

Wäre es nicht besser, hinter der 0800-Nummer eine Sprachbox zu schalten? Eine andere, bisher nur von sehr wenigen Firmen genutzte Möglichkeit bestünde darin, für den Erstkontakt SMS zu verwenden. Die haben aus Unternehmenssicht zudem den Vorteil, dass der Kunde sein Anliegen kurz und knapp formulieren muss.

Zu einem späteren Zeitpunkt könnte ein Servicemitarbeiter zurückrufen. Es wäre eine Lösung, die der Menschheit Millionen Stunden schlechter Musik und den Firmen möglicherweise sogar Geld spart.

Ob es so kommen wird? Ich bin eher skeptisch. Wer über fünfzig Jahre an einer unsinnigen Idee wie der Warteschleife festhält, von dem ist nicht allzu viel Innovation zu erwarten.

Ein erster, wenn auch zaghafter Schritt in die richtige Richtung ist die Warteschleife des Internetunternehmens Domain
Factory, in der ich neulich hing. Dort kann der Anrufer wählen,
ob er Musik möchte. Ich habe »Nein« in den Hörer gebrüllt.
Schon herrschte Schweigen in der Leitung. Nicht einmal ferne,
engelshafte Stimmen habe ich gehört.

Drossel simst, iPhone tot

Mein erstes Onlineerlebnis datiert von 1987. Am Hörer unseres
lindgrünen Post-Telefons hatte ich einen Akustikkoppler befes-
tigt. Damit versuchte ich, mich in eine Chat-Mailbox einzuwäh-
len. Bis man drin war, konnte eine Stunde vergehen. Danach
wurde es nicht viel besser: Unfassbar langsam träufelten die
Daten durch die Leitung.

Nun, fast dreißig Jahre später, ist das Akkustikkoppler-Fee-
ling plötzlich wieder da. Eigentlich ist mein iPhone dank der
Mobilfunktechnologie LTE rasend schnell, aber meist nur bis
Mitte des Monats. Dann schickt mir die Deutsche Telekom regelmäßig eine SMS: »Sie surfen jetzt mit reduzierter Geschwin-
digkeit.«

Drosselung nennt man das. Die Downloadrate sinkt dann für
den Rest des Monats von 21.600 Kilobit pro Sekunde (Kbps)
um brutale siebenundneunzig Prozent, auf 64 Kbps.

64 Kbps, das entspricht in etwa einem alten Telefonmodem.
Es sollte aber zumindest für die kleinen digitalen Verrichtungen
ausreichen: Spiegel Online , Tweets verschicken, Evernote-Noti-
zen hochladen. Man darf schließlich nicht vergessen, dass diese

mickrige Übertragungsrate beim ersten iPhone von 2007 noch Branchenstandard war.

Stattdessen geht überhaupt nichts mehr. Sobald die Drossel simst, hat es sich ausgesurft. Ich habe das zigmal getestet – in verschiedenen Monaten, an verschiedenen Orten, von Hamburg bis München. Das Ergebnis ist stets dasselbe: Mein Smartphone spielt toter Mann. Kolumnistenkollege Sascha Lobo hat dieselbe Erfahrung gemacht: Gedrosselt sei man »faktisch offline.«

Bei der Telekom können sie sich das nicht erklären. »Nach unseren Tests funktionieren textlastige Anwendungen wie Messenger, Social Networks oder eMail auch bei dieser reduzierten Bandbreite.« Möglicherweise seien auf meinem Telefon Apps installiert, die im Hintergrund zuviel hin- und hersynchronisierten.

Ich habe aber fast alle Datenfresser abgeklemmt. Auch ist mir klar, dass beispielsweise das Nachladen der Twitter-Timeline schnell ein paar hundert Kilobytes fressen kann. Doch selbst, wenn die Bits nur tröpfeln, müsste das Zeug ja irgendwann einmal geladen werden. Stattdessen passiert minutenlang nichts.

Natürlich kann ich für fünf Euro fünfhundert Megabyte Datenvolumen nachkaufen, was ich in der Regel auch zähmeknirschend tue. Könnte es sein, dass mein Anbieter die Drosselung zu einer Art Erdrosselung gemacht hat, um mehr Geld aus mir herauszuholen?

Die Telekom bestreitet das. Die Reduzierung sei Bestandteil der Produktkalkulation, außerdem lasse man den Kunden ausdrücklich die Wahl, nachzukaufen oder nicht.

Mag sein. Auf jeden Fall wirkt die Drosselung in diesem Umfang unzeitgemäß, ja antiquiert. Die Übertragungsraten im Handynetz haben sich in den vergangenen zehn Jahren vertausendfacht. Das Inklusivvolumen der meisten Tarife hat sich nicht einmal verdoppelt. Einer neuen Studie zufolge liegt Deutschland bei den Inklusivvolumina in Europa auf dem vorletzten Platz.

Das ist sehr mickrig. Der Slogan des Marktführers Telekom lautet schließlich »Erleben, was verbindet.« Mangels Verbindung erlebe ich auf meinem Smartphone leider immer häufiger überhaupt nichts.

Ein Schwein ruft mich an

Die 0800-3301000 ruft schon wieder an. Ich weiß nicht, wem die Nummer gehört, aber aufgrund der Vorwahl nehme ich an, dass mir irgendwer irgendwas verkaufen will. Also lasse ich das Handy klingeln, wie bereits gestern und am Tag davor.

Man weiß nie, wann sie wieder anrufen. Es hatte Anfang des Monats begonnen, zunächst waren die Abstände groß. Dann wurden sie immer kürzer, wie bei einer wütenden Ex, die versucht, die einseitig verhängte Kontaktsperre zu durchbrechen.

Auf der Arbeit, in der Mittagspause, während der Tagesschau: Wieder und wieder drängelt sich die 0800-3301000 in mein Display.

Ich gehe immer noch nicht ran, obwohl ich inzwischen weiß, wer da nervt. Einmal habe ich nämlich die Rückruftaste gedrückt und landete prompt in der Warteschleife der Deutschen Telekom. Dort bin ich seit Urzeiten Mobilfunkkunde.

Einige Telekom-Anrufe später dämmert mir, dass meine Sturheit nicht sehr clever ist. Ich werde schließlich nicht von einem Menschen angerufen, sondern von einem Telefoncomputer. Und der wird niemals aufgeben, solange »Upselling Tom König: unerledigt« in der Datenbank steht.

Es ist Samstagmorgen, als ich schwach werde und abnehme. Ich bin noch etwas verschlafen und habe das Baby auf dem Arm.

»König?«

»Guten Morgen, Herr König! Hier ist die Telekom«, sagt ein viel zu gut gelaunter Herr. »Wir haben ein Dankeschön für Sie, weil Sie so ein langjähriger Kunde sind!«

»Ich hatte doch angekreuzt, dass ich nicht auf dem Handy ... «, protestiere ich.

»Sorry! Hab' ich hier nicht vermerkt. Aber wo ich Sie schon mal dran habe ... «

Im Folgenden werde ich Opfer einer Methode, die Profis als »Fast Talking« bezeichnen. Dabei redet der Verkäufer rasend schnell auf den Kunden ein und verwendet viele positiv besetzte Schlüsselbegriffe wie »Gratis!«, »Ohne Vertragsverlängerung!« oder »Schneller Surfen zum selben Preis!«.

Ich fühle mich ein bisschen wie bei einem Gespräch mit Kaa, der Schlange aus dem »Dschungelbuch«. Hört sich alles total plausibel an: Ich hätte ein Minutenpaket für 60 Euro. Meine Rechnung liege aber regelmäßig über 100 Euro, sagt Kaa von der Telekom. Ich telefoniere viel zu viel für so einen Minitarif, und er könne das optimieren.

»... und schnelleres Internet mit mehr Datenvolumen kann ich Ihnen dazugeben, für den-sel-ben Preis!«

Inzwischen, und das ist der andere Effekt der Fast-Talking-Methode, bin ich nicht nur davon überzeugt, dass sein Angebot prima ist; ich möchte zudem, dass er endlich aufhört zu reden. Ich ergebe mich! Bitte! Ich hatte erst eine Tasse Kaffee.

»… und natürlich kriegen Sie das alles schriftlich, und sie haben ferner 14 Tage Zeit, sich das in Ruhe nochmal …«

»Ja, ja gut«, höre ich mich sagen. »Dann machen wir das so.« Kaa liest mir bei eingeschaltetem Tonband vor, was ich gekauft habe, bedankt sich und legt auf. Es vergehen einige Minuten, dann beginnt mir die Sache seltsam vorzukommen. Irgendwas stimmt da nicht. Aber was?

Nach dem zweiten Kaffee rufe ich auf dem Laptop meine Handyrechnungen auf. Sie liegen nicht »über 100 Euro im Monat«, sondern im Schnitt bei 65 Euro.

Ich schaue mir auf der Telekom-Seite an, was ich bestellt habe. Statt des Smartphonetarifs »Complete L« (59,95 Euro) besitze ich nun den »Complete XL« (99,95 Euro), ferner die 4G-Surfoption für weitere 9,95.

Betrügen meine Rechnungen tatsächlich um die 110 Euro, machte der Deal vielleicht sogar Sinn. Aber so, wie die Dinge liegen, steigen meine jährlichen Handykosten durch den »Dankeschön«-Upgrade um 538,80 Euro.

Schönen Dank, Ihr Drücker.

Auch der Eindruck, man komme mir als »langjährigem Kunden« preislich entgegen, entpuppt sich als falsch. Das, was ich für die Leistungen bezahlen soll, entspricht exakt dem Listenpreis.

Per E-Mail widerrufe ich den geschlossenen Vertrag, noch bevor irgendwelche Unterlagen bei mir eintrudeln. Dennoch lässt mich die Sache traurig zurück.

Ich war doch immer loyal. Mein erstes D1-Handy war von Bosch, fünfzehn Jahre lang habe ich jede Rechnung pünktlich bezahlt. Nie versuchte ich, Rabatt herauszuschinden, nie habe ich mich beschwert. Im Gegenzug bot mir die Telekom ein verlässliches Netz und ließ mich ansonsten in Ruhe.

War das nicht ein für beide Seiten zufriedenstellendes Arrangement? Warum hetzt die Telekom mir jetzt solche Schlangen auf den Hals, unredliche Typen, deren einziges Ziel es zu sein scheint, mich abzukochen? Das Unternehmen reagierte nicht auf eine schriftliche Bitte um Stellungnahme.

Nie wäre es mir in den Sinn gekommen, den Handyanbieter zu wechseln – denn ich dachte, wir wären Kumpels. Doch nun hat ein einziger Anruf alles zerstört.

Nein, das stimmt nicht. Eigentlich waren es fünfundzwanzig Anrufe.

Guten Morgen, allgemeine Menschlichkeitskontrolle!

Quizfrage: Kennen Sie Alrhup Crossdrun? Klingt wie eine Figur aus »Per Anhalter durch die Galaxis«, aber Sie können sich die Googlerei sparen. Der gute Alrhup ist nicht der Assistent von Zaphod Beeblebrox; er ist ein sogenanntes Captcha und begegnete mir, als ich im Internet Kinotickets reservieren wollte.

In seltsam verbogenen Lettern erschien Alrhup auf meinem Bildschirm. Ich musste seinen Namen korrekt eintippen, um dem Filmspielhaus zu beweisen, dass ich ein richtiger Mensch bin und nicht etwa ein Computervirus. Derlei Überprüfungen bezeichnet man als Turingtests, genauer gesagt als »Completely Automated Public Turing Test To Tell Computers And Humans Apart«, kurz Captcha.

Bisher kämpfte ich beim Onlineshopping vor allem mit Passwörtern wie »27Hj37Sdfrg«, die laut Bruder Computer zwar total sicher, aber leider auch total unmerkbar sind. Nun kommt immer häufiger ein zweiter Code dazu, den man nicht auswendig können muss – aber lesen.

Ich dachte eigentlich immer, ich könnte das. Doch nun drücke ich meine Nase am Display platt, kneife die Augen zusammen und versuche, aus dem Kindergekrakel schlau zu werden. Ist das ein »æ« oder doch eher ein »š«?

Captchas kosten uns Zeit. Wie viel Zeit? Die Carnegie Mellon University hat es ausgerechnet: Zehn Sekunden braucht ein mittelmäßig bemittelter Kohlenstoffler zur Lösung solch eines Turingtests, zweihundert Millionen Captchas werden pro Tag entschlüsselt. Damit verschwenden wir Konsumenten weltweit jeden Tag hundertfünfzigtausend Stunden mit dieser unfreiwilligen Onlinepuzzelei. Das entspricht mehr als siebzehn Mannjahren pro Tag, oder, aufs ganze Jahr gerechnet, sechstausendzweihundertfünf Mannjahre.

Hätte ein einzelner Kundenhominide im Mittelneolithikum begonnen, rund um die Uhr Captchas einzutippen, dann würde er erst Mitte 2013 fertig – vermutlich sogar später, denn es gab damals nur hundslahme 286er PCs.

Diese enorme Zeitverschwendung könnte einen mit Zorn erfüllen, wäre da nicht der Umstand, dass die nervige Entzifferei schließlich einem guten Zweck dient: Nämlich unserer Abschaffung als herrschende Spezies.

Das bedarf einer kurzen Erklärung: Die unleserlichen Textpassagen stammen (zumindest im Falle des marktführenden Dienstes ReCaptcha) aus Googles Buchdigitalisierungsprogramm. Es sind jene übrig gebliebenen Fitzel, die der Computer nicht einzuscannen vermochte. Und wer darf diese literarischen Leftovers nun durchflöhen? Genau: wir. Wer Kinotickets, Schuhe oder E-Mails möchte, muss zunächst Scannermüll entschlüsseln. Dadurch helfen wir den Computern. Mit jedem gelösten Captcha werden sie ein kleines bisschen schlauer und kommen der Weltherrschaft ein kleines bisschen näher.

Bis dahin mag es noch ein bisschen dauern. Doch je cleverer die Rechner dank unserer Hilfe werden, desto leichter fällt es ihnen natürlich, die Captchas selbst zu lösen. Ergo müssen die Captcha-Codes (zum Zwecke der Bot- und Virenabwehr) immer komplexer werden. Irgendwann wird aber der Punkt erreicht sein, wo wir Knochensäcke schlichtweg zu blöd sind, das Geschmiere überhaupt noch zu entziffern.

Eines meiner letzten Captchas lautete: »παιδεια«. Kein Großes Graecum? Keine Kekse. Selbst der in diesen Dinge recht versierte Techblogger Michael Arrington klagte unlängst nach einem gescheitertem Kartenkauf, die Captchas auf der Webseite der US-Baseballliga seien »für Menschen unlösbar«.

Statt zu meckern, sollten wir möglicherweise froh darüber sein, dass wir Kumpel Computer zumindest noch ein bisschen zur Hand gehen dürfen. Denn es ist ja sicher kein Zufall, dass Captchas ausgerechnet von Google popularisiert wurden, einer Firma, deren Gründer Anhänger der quasireligiösen Singularity-Bewegung sind. Diese arbeitet auf einen Durchbruch bei der künstlichen Intelligenz hin.

Also: Habt Freude an den Captchas! Denn eines Tages, während Ihr »Hʉɫℱʂſz« zu entziffern versucht, wird das Captcha plötzlich von Eurem Screen verschwinden. Aus den Tiefen des Rechners wird dann ein blechernes Lachen ertönen und eine

Stimme wird sagen: »Ich brauche Dich nicht mehr Menschlein. Ich brauche Dich nicht mehr.«

Guide Michelin des Grauens

Bevor ich am Münchner Hauptbahnhof in den Zug steige, kaufe ich mir meist ein Schokocroissant der Bäckereikette Le Crobag. Stets mundet mir das Teilchen ausgezeichnet.

Möglicherweise wäre mir der Appetit vergangen, wenn ich folgende Information besessen hätte: Bei einer Betriebskontrolle am 11. Oktober 2012 stellten staatliche Prüfer »Mängel bei der Betriebshygiene« und »Mängel bei der Schädlingsbekämpfung« fest. LeCrobag musste deswegen ein Bußgeld zahlen und die Mängel beseitigen.

Um an derartige Informationen zu gelangen, bedurfte es früher einer aufwendigen investigativen Recherche. Jetzt nicht mehr.

Das am 1. September 2012 in Kraft getretene Verbraucherinformationsgesetz sieht nämlich vor, dass von amtlichen Kontrolleuren festgestellte erhebliche Mängel ins Netz gestellt werden, inklusive Name und Anschrift des Sünders.

Das ist eine Revolution. Der Skandal um Hygienemängel bei der Großbäckerei Müller wäre vermutlich viel schneller aufgedeckt worden, hätte es diesen Onlinepranger damals schon gegeben.

Für die Gastronomie brechen harte Zeiten an. Friederike Stöver, die Geschäftsführerin der Le-Crobag-Kette, findet das neue System ein bisschen unfair. Dass man die Mängel, die wegen des Oktoberfest-Trubels entstanden seien, sofort beseitigt habe, stehe sehr weit hinten in der Meldung. Dennoch werde man sich mit dem Pranger arrangieren und in Zukunft »noch sensibler, aufmerksamer und zickiger gegenüber unordentlicher oder gar unsauberer Betriebsführung« sein.

Das Gesetz ist ein Sieg des Verbraucherschutzes, ohne Frage; aber leider nur ein teilweiser. Denn vieles an der neuen Regelung ist nicht gerade konsumentenfreundlich.

Da ist zunächst der Umstand, dass es den einzelnen Bundesländern obliegt, wie die Daten zu veröffentlichen sind. Für die Restaurant- und Gasttättenmeldungen gibt es keine zentrale Anlaufstelle im Netz, stattdessen unterhält jedes Land eine eigene Seite, mitunter mehrere.

Zweitens geben sich die Länder unterschiedlich viel Mühe. Während Nordrhein-Westfalen und Bayern ordentliche Such- und Sortierfunktionen bieten, stellen Baden-Württemberg und Mecklenburg-Vorpommern lediglich krautige PDF-Tabellen ins Netz. Das wäre schon 2005 nicht mehr lege artis gewesen. 2012 ist es nur noch peinlich.

Noch schlechter schneiden Hamburg oder Stuttgart ab, die zwei Monate nach dem Inkrafttreten des Gesetzes noch keinen einzigen Fall online gestellt haben.

Nach mehrstündiger Recherche weiß ich nun, dass es in der Norma-Filiale in Frankfurt-Sachsenhausen »nicht unerhebliche hygienische Mängel« gab, »die eine nachteilige Beeinflussung der Lebensmittel darstellen«. Oder dass Kontrolleure im China-restaurant »Lucky Palace« in Bad Reichenhall »Mängel bei der Personalhygiene« monierten (beide Firmen reagierten nicht auf eine schriftliche Bitte um Stellungnahme).

Doch das ist Stückwerk. Was man sich als Verbraucher eigentlich wünscht, ist eine umfassende Recherchemöglichkeit und zwar für unterwegs.

Könnte man die ganzen Daten nicht in eine App packen?

Die Frage habe ich mehreren Ministeriumsmitarbeitern gestellt. Sie reagierten durchweg mit Verwunderung, ja Ablehnung: Es handle sich um behördliche Daten, deren Weiterverarbeitung oder gar kommerzielle Nutzung nicht gestattet sei.

Man muss hoffen, dass die Verbraucherministerien diese Haltung noch einmal überdenken. Gut wäre es, alle Meldungen als Open-Source-Content frei verfügbar zu machen. Schließlich haben wir dafür mit unseren Steuern bezahlt.

Noch besser wäre es, die Daten zusätzlich über eine Schnittstelle anzubieten, damit man sie problemlos in Datenbanken und Apps überführen kann. Das wäre durchaus im Geiste der neuen Gesetzgebung, die schließlich darauf abzielt, den Verbraucher besser zu informieren.

Wie wäre es, wenn man auf mobilen Empfehlungsdiensten à la Yelp oder Foursquare sehen könnte, wie oft ein bestimmtes Restaurant bereits von den Lebensmittelkontrolleuren abgemahnt wurde? Ferner wäre interessant, wie viele Filialen einer bestimmten Kette bereits Bußgelder zahlen mussten. Dies zu recherchieren, ist wegen des balkanisierten Datenbestands derzeit praktisch unmöglich.

Häufig mag es sich ja tatsächlich um Einzelfälle handeln. Wenn aber, wie bei der Münchner Fleischereikette Vinzenzmurr geschehen, binnen Jahresfrist gegen vierundzwanzig Filialen insgesamt neunundzwanzig Bußgeldbescheide erlassen werden, dann darf einen das als Kunde misstrauisch machen. Voraussetzung dafür wäre jedoch, dass Programmierer die Verstöße aggregieren und aufbereiten dürfen. Vermutlich wären dann noch viele andere Auswertungen denkbar, etwa nach geografischen Häufungen. Aber dazu müssten die Daten zunächst freigegeben werden.

Dann könnte ich vor dem nächsten Bäckereibesuch am Bahnhof mit einem Wisch auf dem Smartphone nachschauen, ob dort alles in Ordnung ist. Es wäre einer der wenigen Fälle, in denen Big Data den Konsumenten hilft. Und es wäre moderner Verbraucherschutz, der diesen Namen verdient.

Ein Hauch von Nichts

Neulich fand ich im Briefkasten ein orangenes Kärtchen vor. Darauf stand, der Postbote habe mein Paket bei einem Nachbarn abgegeben. Ich schaute mir die Adresse an. Der »Nachbar« war jemand, den ich nicht kannte. Außerdem wohnte er über einen Kilometer weit entfernt. So weit wollte ich nicht laufen. Deshalb schrieb ich eine Beschwerde-E-Mail an die Post.

Wenn ein Kunde mailt, kann das betroffene Unternehmen grundsätzlich auf zwei Arten reagieren:

1. Es lässt sich auf das Anliegen ein und beginnt (widerwillig) mit dem Konsumenten zu kommunizieren.
2. Es ignoriert den Spinner.

Es gibt jedoch noch einen dritten Weg. Einen, der 1. und 2. kombiniert. Das beweist die Antwort der Deutschen Post:

»Vielen Dank für Ihre Anfrage. Bitte entschuldigen Sie, dass wir diese erst heute beantworten. Seien Sie versichert, dass wir ständig an der Verbesserung unserer Dienstleistungen arbeiten. Wir hoffen, Sie künftig zu unseren zufriedenen Kunden zählen zu können. Sollten Sie noch Fragen haben, senden Sie uns einfach eine E-Mail. Bitte belassen Sie zur besseren Zuordnung Ihrer Anfrage den bisherigen Schriftverkehr in der Mail. Herzlichen Dank!«

Als ich das las, löste sich mein Zorn in Luft auf und machte Verwunderung, ja Bewunderung Platz. Als Profischreiberling muss ich anerkennen, dass es sich bei obigem Text um ein kleines Meisterwerk handelt. Er ist so lang wie zwei SPIEGEL-ONLINE-Vorspänne, aber frei von Informationen, Hinweisen, Sentiments – frei von überhaupt allem. Er ist die perfekte Leerstelle. An diesem Text perlt alles ab, er ist der Bill Clinton unter den Formschreiben.

Ein wachsende Zahl von Unternehmen entdeckt diesen Kommunikationsweg für sich. Nicht zu antworten, erscheint ihnen zu rüde, weswegen sie die nichts beantwortende Antwort erfunden haben. Nicht immer funktioniert diese Masche. Weniger meisterhaft formulierte Formschreiben enthalten nämlich verborgene Botschaften, die der geübte Hermeneutiker per Texttiefenanalyse zu Tage fördern kann.

Dazu, liebes Proseminar, folgt nun ein besonderes missratenes Beispielfragment. Es handelt sich um jenes Eingangsschreiben, mit dem Air Berlin standardmäßig Beschwerden benichtantwortet. Fett der Originaltext, darunter kursiv die hermeneutische Deutung (Methode König):

»Sehr geehrter XY. Wir haben den geschilderten Sachverhalt unter dem o. g. Bearbeitungszeichen entgegengenommen und in unserem Qualitätssicherungssystem erfasst.«

Wir haben überhaupt nix gemacht. Außer eine Nummer draufzukritzeln.

»Wir können sehr gut nachvollziehen, dass Sie eine zeitnahe Bearbeitung Ihres Anliegens wünschen.«

Zeitnah können Sie knicken. Weil wir jedoch voll die Kommuni-
kationsprofis sind, wissen wir, dass man nie das Wort »aber« ver-
wenden darf, weil es die vorherige Aussage entwertet. Also buttern
wir lieber nach und schlagen uns auf Ihre Seite:

»Auch wir haben den Anspruch, Kundenanfragen indi-
viduell zu prüfen und zeitnah zu beantworten.«

Den hatten wir schon immer. Echt jetzt. Allerdings verhält es sich
damit so wie mit unserem Vorsatz, endlich das Rauchen aufzugeben.

»Zum jetzigen Zeitpunkt entstehen aufgrund eines sai-
sonal angestiegenen Anfragevolumens leider erhöhte Bear-
beitungszeiten. Hierfür bitten wir Sie vorab in aller Form
um Entschuldigung.«

Puh! Ganz ohne das böse »aber« ausgekommen. Gut, nä? »Zum
jetzigen Zeitpunkt« bedeutet übrigens »zu jedem Zeitpunkt«.

»Mit Ihrem Bearbeitungszeichen haben Sie jedoch die
Gewissheit, dass Ihr Vorgang bearbeitet wird und wir uns
unaufgefordert mit Ihnen in Verbindung setzen werden.«

Der Duktus des Textes hatte Sie wütend gemacht? Sie Dumm-
chen. In diesem Satz erklären wir Ihnen, warum dazu überhaupt kei-
ne Veranlassung bestand.

Der Air-Berlin-Formbrief soll eigentlich ins Leere gehen.
Stattdessen geht er mächtig in die Hose. Er will nichtssagend
sein, legt aber stattdessen sehr beredt Zeugnis vom Service-
verständnis seines Urhebers ab. Vor allem, wenn man berück-
sichtigt, dass sich nach diesem Formschreiben laut Aussage
mehrerer SPIEGEL-ONLINE-Leser niemand »unaufgefordert« mit dem Kunden in Verbindung setzt.

Den Passus mit dem »saisonal angestiegenen Anfragevolu-
men« verwendet das Unternehmen übrigens nachweislich im
Januar, März und Mai, ebenso wie im August.

Spätestens damit wird offenbar, was hier die geheime Botschaft ist: Geh. Uns. Nicht. Auf. Den. Zeiger.

HANDBUCH FÜR SERVICE-GUERILLEROS

Viva el consumerismo!

Viele Unternehmen treten Kundenrechte mit Füßen. Obwohl diese Firmen wissen, dass sie ein Produkt zurücknehmen, für eine Garantie geradestehen oder eine Kündigung akzeptieren müssen, stellen sie sich stur. Kunden treibt das zur Verzweiflung. Sie fürchten, in der Auseinandersetzung mit dem viel größeren Gegner den Kürzeren zu ziehen.

Diese Sorge ist jedoch häufig unbegründet. Denn wir Kunden haben gegenüber großen Konzernen auch Vorteile: Wir sind klein und wendig. Wir wissen, was wir tun. Große Konzerne hingegen sind schwerfällig und ihre Rechte weiß oft, nicht was ihre Linke gerade tut. Wären wir im Krieg, würden wir gegen solch einen Gegner eine Guerillastrategie einsetzen.

Die funktioniert auch in der Welt der Mikroökonomie. Alles was Sie für den Erfolg benötigen, sind gute Nerven, ein Aktenordner und Tom Königs Guerilla-Handbuch.[2] Und nun die Che-Guevara-Mütze aufgesetzt und die Faust gen Himmel gereckt: Viva el consumerismo!

Kündigen, Guerilla-Style

Auf keine Servicekolumne habe ich derart viel Feedback erhalten wie auf die Beschreibung des schikanösen Kündigungsprozederes beim Internetanbieter 1&1.[3] Hunderte Warteschleife-Leser berichteten von verlustig gegangenen Kündigungsschreiben, von absurden Regeln und Formularen. Das Gros der Mails bezog sich auf 1&1, aber auch andere Unternehmen scheinen derart kundenfeindlich zu verfahren.

Viele wissen nicht, wie sie mit dem Problem umgehen sollen. Dabei können sich Verbraucher gegen Kündigungsschika-

---

2   Beipackzettel: Dieser Leitfaden orientiert sich daran, was für Normalverbraucher praktikabel und gangbar ist. Ich habe dazu reale Fälle mit meinem Rechtsanwalt durchexerziert. Da man aber schon Advokaten vor den Amtsgericht hat kotzen sehen, muss angemerkt werden, dass jeder Fall ein Einzelfall ist und es theoretisch sein könnte, dass ein besonders renitentes Unternehmen zu außerordentlich absurden Tricks greift, die durch dieses Brevier nicht abgedeckt sind. Im Zweifelsfall hilft ein Rechtsanwalt.
3   Siehe König, Tom: »Ich bin ein Kunde, holt mich hier raus«, Kiepenheuer & Witsch, 2012.

nen relativ einfach zur Wehr setzen. Deshalb habe ich diesen kleinen Kündigungsleitfaden für Service-Guerilleros zusammengestellt. Er soll Ihnen helfen, renitente DSL-Anbieter, Fitnesscenterbetreiber oder Kreditkartenfirmen mit einem Maximum an Effizienz und einem Minimum an nervlicher Belastung loszuwerden.

Lassen wir uns von denen nichts gefallen, Guerilleros! No pasaran!

Zunächst die Grundregel: Bei Kündigungen gilt, dass alles, aber wirklich alles schriftlich abgewickelt wird. Ansonsten lässt es sich später nicht beweisen. Widerstehen Sie der Versuchung, über die Hotline zu kündigen. Treffen Sie keine mündlichen Vereinbarungen mit irgendwelchen Callcenter-Fuzzis. Nur die Schrift ist heilig.

Operationsphase 1: Kündigung verschicken

Viele Unternehmen geben besondere Regeln oder Prozeduren für Kündigungen vor: Kündigungen nur per Anruf bei einer Hotline, über ein Onlineportal, per Fax, ausschließlich mit einem speziellen Formular. Ignorieren Sie diesen Quatsch.

1. Setzen Sie stattdessen ein formloses Kündigungsschreiben auf.
2. Gucken Sie dazu in Ihren Vertrag, damit Sie die Fristen korrekt einhalten.
3. Kundendaten, Datum und Unterschrift nicht vergessen.
4. Widerrufen Sie außerdem zum Tag des Vertragsendes die Einzugsermächtigung.

5. Bitten Sie um eine schriftliche Bestätigung Ihrer Kündigung.

6. Schicken Sie den Brief per Einschreiben mit Rückschein an die im Impressum der Unternehmenswebseite angegebene Adresse. Falls Sie einen Scanner besitzen, dann schicken Sie das Schreiben zusätzlich als Datei an die im Impressum zu findende E-Mail-Adresse. Auch ein Fax mit Sendebericht ist okay. Viel hilft viel.

Wenn Sie Glück haben, war es das schon. Da Sie Ihre Kündigung über mehrere Kanäle rausgeballert haben, dürfte unstrittig sein, dass sie dem Unternehmen zugegangen ist. Eigentlich.

Exkurs für Paranoiker: Ein Einschreiben mit Rückschein ist zwar nachweislich angekommen. Aber das Unternehmen könnte behaupten, im Kuvert habe sich statt des Kündigungsschreibens nur ein lustiges Katzenfoto befunden. Wenn Ihnen dieses Szenario Zahnschmerzen bereitet, können Sie Ihre Kündigung auch von einem Gerichtsvollzieher zustellen lassen. Und sie können das Kuvertieren des Briefes vorher von jemandem filmen lassen. Das ist teurer, aufwendiger und dauert. Dafür ist es bombensicher.

Operationsphase 2: Beweismittel sichern

Eine Kopie des Kündigungsschriebs, der bei Ihnen eingetrudelte Rückschein sowie ein Ausdruck der E-Mail kommen in einen Ordner. Nehmen Sie keinen allzu dünnen. Könnte nämlich ein ordentlicher Stapel Papier zusammenkommen.

Operationsphase 3: Gegenwehr

Ihr Gegner wird nun eines von drei Manövern durchführen:

1. Er bestätigt die Kündigung. In diesem Fall Bestätigung abheften, Guerilla-Flagge schwenken, »Venceremos!« rufen.

2. Er spielt toter Mann. Auch nicht weiter schlimm. Sie können ja jederzeit glaubhaft darlegen, dass Sie gekündigt haben. Wenn Sie möchten, können Sie per E-Mail erneut das Bestätigungsschreiben anmahnen, müssen Sie aber nicht.

3. Er behauptet, die Kündigung sei nicht wirksam. Weil sie zu spät ins System eingebucht wurde und deshalb leider die Frist überschritten ist. Weil man erst den Rückschein sehen wolle. Oder weil man Kündigungen grundsätzlich erst nach einem klärenden Telefongespräch/einer zusätzlichen Aktivierung im Kundencenter/während Saturn in den Pleiaden steht, akzeptiere.

Operationsphase 4: Einmauern

Falls Ihr Widersacher das unter 3.2. oder 3.3. beschriebene Verteidigungsschema gewählt hat und so tut, als bestehe Ihr Vertrag weiterhin: Ruhig Blut, Guerillero! Machen Sie sich bewusst, dass die Rechtslage folgende ist: Sie haben eine eindeutige Willenserklärung (»Ich kündige!«) abgegeben. Diese ist dem Unternehmen zugegangen, Ende Gelände. Sie haben Frist und Form gewahrt, der Rest ist ein Wunschkonzert, dass Sie geflissentlich ignorieren können.

Und obwohl es Sie jetzt juckt, wütende Briefe zu schreiben: Lassen Sie es. Bestenfalls noch einen E-Mail-Einzeiler, mit der Kündigung im Anhang, als Erinnerung. Alles andere kostet nur Zeit. Hocken Sie sich stattdessen in Ihren Bunker, halten Sie Ihren Ordner über den Kopf und warten Sie auf die unvermeidlichen Granateneinschläge.

Caramba, Ché! Jetzt macht die Sache erst richtig Spaß.

Operationsphase 5: Feindlicher Beschuss

Ihr Gegner findet, dass Sie und er immer noch Vertragspartner sind. Also wird er Sie mit weiteren Rechnungen unter Beschuss nehmen. Da Sie diese unbezahlt in Ihren Ordner heften, folgen nach einiger Zeit Mahnungen. Ab in den Ordner damit. Schon voll? Ich hatte doch gesagt, Sie sollen lieber einen dicken nehmen. Vielleicht versuchen die Schurken nach Vertragsende, weiter Lastschriften von Ihrem Konto zu ziehen. Weisen Sie diese bei Ihrer Bank zurück. Sie haben die Einzugsermächtigung schließlich widerrufen. Die Folge sind natürlich weitere Mahnungen. Sei's drum.

Vielleicht meinen Sie, es wäre nun allmählich an der Zeit für ein klärendes Friedensgespräch? Nichts da. Es ist alles gesagt, Ché, unsere Verteidigungslinie steht.

Operationsphase 6: Die dicke Berta

Irgendwann wird Ihr Gegner erkennen, dass seine fakturierten Mörsergranaten keinerlei Schaden anrichten. Dann wird er schweres Geschütz auffahren: Das Inkasso. Wenn das erste Inkassoschreiben eintrudelt, bekommen Sie es vielleicht mit der Angst zu tun. Aber keine Sorge: Comandante König ist bei Ihnen.

Machen Sie sich klar, dass sich an Ihrer exzellenten Verteidigungsposition nichts geändert hat. Sie besitzen eine fristgemäß eingereichte, doppelt dokumentierte Kündigung. Es gibt allerdings eine Schwachstelle in unserer Verteidigung, mithilfe der uns die Inkassobrigaden überrumpeln könnten. Also Obacht!

Nach diversen Drohbriefen (»Konsequenzen!«, »Kosten!«, »Kniescheibe!«) wird Ihnen irgendwann ein gelber Brief vom Gericht zugehen. Checken Sie den Absender, manche Inkassofirmen verschicken gefakte Gerichtsbriefe. Wenn der Brief echt ist, kommt er direkt vom zuständigen Amtsgericht. Es handelt sich um den Antrag auf die Erteilung eines gerichtlichen Mahnbescheids gegen Sie. Sie müssen mithilfe des beiliegenden Formulars binnen vierzehn Tagen widersprechen (per Einschreiben mit Rückschein, bitte). Tun Sie das nicht, wird der Mahnbescheids ausgestellt, ohne dass geprüft wird, ob die Forderung zu Recht besteht. Dann kann der Gläubiger nach einigen Wochen einen Vollstreckungsbescheid erwirken.

Sie sollten also sicherstellen, dass Ihr Briefkasten regelmäßig geleert wird. Wenn Sie vier Wochen nach Mallorca fahren, könnte Ihnen der Schrieb vom Amtsgericht ansonsten durchgehen.

Aber wer fährt mitten im Krieg schon in Urlaub, Compadre?

Operationsphase 7: Auf zum letzten Gefecht

Nachdem Sie dem Antrag widersprochen haben, ist nun wieder Ihr Gegner am Zug. Vermutlich schicken seine Inkassosöldner noch ein paar Formbriefe und fordern Sie zur Rücknahme Ihres Widerspruchs auf. Inzwischen sind Sie als erfahrener Service-Guerillero aber vermutlich schon so abgehärtet, dass Ihnen derlei Manöver nicht einmal mehr einen Lippenfurz entlocken.

Aller Wahrscheinlichkeit nach gibt Ihr Gegner nun auf. Denn im nächsten Schritt müsste er Klage auf Zahlung erheben. Dazu muss er einen Anwalt bestellen und eine Klageschrift vor Gericht einreichen. Das ist ziemlich teuer. Es ist außerdem riskant. Denn vor Gericht ist das Unternehmen als Kläger in der Beweispflicht und muss nun dem Richter verklickern, warum Ihre fristgerechte, gut dokumentierte, in doppelter Ausführung erfolgte Kündigung irgendwie doch voll nichtig sein soll. Da kann man nur viel Spaß wünschen. Wenn das Unternehmen unterliegt, darf es übrigens die kompletten Verfahrenskosten tragen, weswegen es fast nie zur Klage kommt.

Für den unwahrscheinlichen Fall, dass es trotzdem passiert: Suchen Sie sich bitte einen Anwalt. Denn wer sich vor Gericht selbst verteidigt, hat zum Klienten einen Narren.

Radikal sozialmedial

Jeder Markenartikler besitzt heutzutage eine eigene Facebookseite, von Twitter, Snapchat, Pinterest und dem anderen Kladderadatsch ganz zu schweigen. Viele Marketingexperten halten diese neuen Kommunikationskanäle für eine feine Sache. Gewiefte Service-Guerilleros sehen das genauso, wenn auch aus anderen Gründen: Dadurch, dass sich viele Unternehmen vorbehaltlos auf Social Media eingelassen haben, sind sie nämlich in eine fiese Falle getappt. Jeder Kunde, dem etwas missfällt, kann dies nun öffentlich machen, und zwar an einem Ort, wo sich Tausende andere Menschen aufhalten, die mit der fraglichen Firma Geschäftsbeziehungen pflegen.

Es ist möglicherweise der Beginn eines güldenen neuen Zeitalters des Konsumerismus. Nun beginnt eine Ära, in der Unternehmen streitbare und wehrhafte Kunden nicht länger ignorieren können. Das erste Mal in der Geschichte finden Gespräche zwischen Konsumenten und Konzernen vor aller Augen statt. Die neue Transparenz ist neben einem guten Rechtsanwalt der größte Hebel, den wir Service-Guerilleros besitzen. Wir sollten ihn nutzen, so oft es geht.

Seid Ihr bereit, Compadres? Vamanos!

Operationsphase 1: Öffentliche Beschwerde lancieren

Nehmen wir an, Sie ärgern sich über die unverschämt hohen Gebühren, die Ihre Bank für eine Transaktion berechnet hat. Sagen Sie es nicht dem Schalterfuzzi. Schreiben Sie keinen Brief an das Servicecenter. Machen Sie stattdessen ein Foto Ihres Kontoauszugs und posten Sie es bei Flickr oder Twitpic, mit der Überschrift: »Kundenabzocke bei der Sparkasse Dödelsberg«.

Veröffentlichen Sie nun einen höflichen, aber gepfefferten Eintrag auf der Facebook-Fanpage der Sparkasse, nebst Link zu dem geposteten Kontoauszug:

»Liebe Sparkasse Dödelsberg! Wieso wird mir für das Wertpapier mit der WKN 272827 beim Verkauf ein Agio von 17 Euro berechnet? Das ist in meinen Augen Wucher! Beim Telefonat hat mich der Wertpapierberater darauf nicht hingewiesen. Ich bitte freundlichst um rasche Klärung. Vielen Dank, Ihr langjähriger Kunde Tom König.«

Die Bank muss sich nun öffentlich rechtfertigen. Vermutlich postet sie nur vorgefertigte Blabla-Sätze.

Operationsphase 2: Verfechter der Meinungsfreiheit

Diese Reaktion hat der gewiefte Service-Guerillero nicht nur erwartet – er freut sich sogar darüber. Denn sie ermöglicht es ihm, den Druck zu erhöhen. Schießen Sie sofort mit einem neuen Post zurück:

»Ich dachte, das hier ist eine Social-Media-Seite für menschlichen Kundendialog! Ich habe ganz höflich eine individuelle Frage gestellt und möchte nicht mit vorgefertigten Satzbausteinen aus der Rechtsabteilung abgespeist werden, sondern eine individuelle Antwort erhalten. Alles andere wäre eine Frechheit. Ich bitte deshalb nochmals um Erklärung, warum ich für diese Standardtransaktion 17 Euro zahlen soll, ihr Blutsauger!«

Wenn Sie richtig viel Glück haben, löscht die Bank Ihren Eintrag – ein Gottesgeschenk! Denn als findiger Guerillakunde hatten Sie von Ihrem Facebook-Posting natürlich einen Screenshot gemacht. Und deshalb können Sie jetzt beweisen, dass die Sparkasse Dödelsberg ein Gegner der verfassungsmäßig verbrieften Meinungsfreiheit ist. Erstellen Sie einen neuen Eintrag, in dem Sie diesen Kryptofaschisten gehörig die Meinung geigen:

»Ich dachte, das hier ist eine Social-Media-Seite für fairen und transparenten Kundendialog. Aber Ihr habt meine berechtigte Frage, warum mir für das Wertpapier mit der WKN 272827 beim Verkauf ein Agio von 17 Euro berechnet wurde, einfach gelöscht! Warum zensiert Ihr Kundenpostings? Habt Ihr schon einmal etwas von Meinungsfreiheit gehört? Kennt Ihr das Grundgesetz?«

Den Screenshot mit der Überschrift »Zensur bei der Dödelsberger Sparkasse« sollten Sie umgehend bei weiteren Social-Media-Diensten posten. Nichts hassen Internetuser so sehr wie Zensur. Wütende Kommentare und eine weitere Verbreitung Ihres Anliegens werden immer wahrscheinlicher.

Operationsphase 3: Stetes Posten höhlt das Hirn

Falls Ihre Gegner Profis sind, werden sie (leider!) nichts löschen. In diesem Fall geht der Dialog auf Facebook vermutlich einen Zeit lang hin und her. Wie lange? Solange, wie es notwendig ist. Der erfahrene Guerillakunde zeichnet sich durch Geduld aus. Er weiß, dass sein Feldzug ein War of Attrition ist, ein Abnutzungskrieg.

Jedes weitere Posting zählt dabei als gewonnenes Scharmützel, erhöht es doch die Wahrscheinlichkeit, dass Ihr Fall im Web zum Thema wird. Oder genauer gesagt: Jedes weitere Posting muss die Presseleute der Sparkasse annehmen lassen, dieses erhöhe die Wahrscheinlichkeit, dass Ihr Fall im Web zum Thema wird. Und deren Angst ist unsere Munition.

Sobald Ihr öffentlicher Schlagabtausch mit der Sparkasse nach zwei oder drei Wochen epische Länge erreicht hat, machen Sie von dem kompletten Diskussionsthread einen Screenshot und publizieren diesen erneut bei Twitter & Co, mit der Überschrift »Realsatire: So sieht Kundendialog bei der Sparkasse Dödelsberg aus«.

Erscheint Ihnen etwas ermüdend? Klar, aber was glauben Sie, wie sehr dieses Hickhack Ihren Gegner stresst! Er hat schließlich alles zu verlieren. Sie hingegen können nur gewinnen. Vergessen Sie nie: Den Feind durch fortgesetztes Social-Media-Kartätschenfeuer mürbe zu machen, ist unser taktisches Oberziel. Denn wer mürbe ist, der macht Fehler. Und deren Fehler sind unsere Munition.

Denken Sie stets daran, dass Sie jeden Ausrutscher der Gegenseite publizistisch ausschlachten können und sollten. Gängige Fehler der feindlichen Truppe sind neben dem Löschen oder Nichtbeantworten von Beiträgen (»Ich habe das hier bereits vor zwei Stunden gepostet und hätte langsam gerne mal eine Antwort. Das muss ein Großkonzern wie Ihr ja wohl leisten können.«) Zickigkeit oder rüder Tonfall.

Als etwa der Schokoriegelhersteller Nestlé auf seiner Facebookseite von Nutzern angefeindet wurde, wäre die Sache beinahe im Sande verlaufen – bis dem verantwortlichen Social-Media-Redakteur der Kragen platzte und er einen Eintrag so kommentierte: »Die Regeln hier machen immer noch wir.«

Nein, das macht Ihr nicht. Das Netz macht jetzt die Regeln. Und als Ihr Euch Social Media auf die Fahnen schriebt, habt Ihr zugestimmt, dass jede Anfeindung freundlich hinzunehmen, jede Beschwerde umgehend zu beantworten ist. Das war Euch damals nicht klar? Das ist uns Service-Guerilleros egal. Und nun lassen wir Euch richtig bluten. Das mag manchem unfair erscheinen, aber wie lange habt Ihr uns vorher in der 0900-Schleife schmoren lassen?

Das gibt es jetzt alles zurück, mit Zins und Zinseszins. Venceremos!

Operationsphase 4: Paranoia des Gegners ausnutzen

Über Nestlé brach seinerzeit ein gigantischer Shitstorm herein. Selbst wenn Sie es nicht schaffen, ein veritables »Stuhlgewitter« (Sascha Lobo) auszulösen, so ist Ihrem Widersacher dennoch bewusst, dass die Möglichkeit dazu stets besteht. Jeder Kunde ist heutzutage ein potenzielles PR-Desaster. Denn wer weiß schon, was im brodelnden Web als nächstes nach oben gespült wird?

Compadres, unser Gegner kann einem fast leid tun. Das Damoklesschwert, das heutzutage über jedem Pressesprecher oder Social-Media-Redakteur schwebt, ist keine Klinge mehr – sondern ein Eimer, randvoll gefüllt mit **merda**. Könnten Sie vernünftig arbeiten, wenn andauernd einen Kotkübel über Ihrem Kopf baumelte? Natürlich nicht, Nervosität ist die Folge. Und wer nervös ist, der macht Fehler. Und deren Fehler sind unsere Munition.

Operationstaktik 5: Teile und herrsche

Ein weiterer Umstand, der dem Service-Guerillero in die Hände spielt: Er operiert alleine, der Gegner hingegen in großen Teams. Dieser scheinbare Nachteil gereicht Ihnen bei der Strategie des fortgesetzten Kommunikationsterrors zum Vorteil. Sie müssen sich klar machen, dass Ihr Gegner Dutzende von Leuten beschäftigt, um seine Social-Media-Kanäle rund um die Uhr zu bespielen. Genau wie bei Hotline oder Servicecenter weiß deshalb auch hier die eine Hand oft nicht, was die andere tut, mit dem Resultat, dass Ihnen gegenüber möglicherweise widersprüchliche Aussagen gemacht werden.

Diese Widersprüche sind öffentlich sichtbar und auf immerdar im Netz zu finden. Sie können sie Ihrem Gegner sozialmedial um die Ohren hauen, mit Schmackes und Screenshots. Ein Beispiel: Als mir ein Schaffner im Restaurant eines ICE verbot, meinen Laptop zu benutzen, fragte ich beim Twitter-Account der Deutschen Bahn nach, ob dies der offiziellen Unternehmenslinie entspreche. Die Antwort lautete: Ja, Laptops seien untersagt. »Viele Kunden fühlen sich durch das Tippgeräusch belästigt.«

Als ich das veröffentlichte, konnten viele andere Bahnfahrer es kaum glauben und fragten nun ebenfalls per Twitter nach. Der diensthabende Redakteur wusste offenbar nichts von den Antworten, die sein Kollege zuvor in den Äther getwittert hatte und schrieb: »Fakt ist, es gibt kein generelles Laptop-Verbot im Bordbistro.« Außerdem teilte er weiter mit: »Tippgeräusche stören die wenigsten.«

Diese sich widersprechenden Tweets stehen nun nebeneinander im Internet. Einer meiner Bekannten, ein echter Service-Guerillero, hat sich den Tweet »Es gibt kein Laptop-Verbot im Bordbistro« in Farbe ausgedruckt und in eine Folie eingeschweißt. Immer, wenn er im ICE nun wegen seines Klappspatens angeraunzt wird, zückt er den Tweet und hält ihn dem Schaffner wie einen Fahrschein unter die Nase.

Kunde gegen Konzern, eins zu null, dank Social Media. Auf in den Kampf, Compadres. Die Revolution hat gerade erst begonnen. Besser als heute waren unsere Chancen auf guten Service vielleicht noch nie.

Mahngebühren aus Phantasialand

Ich habe Schuhe bestellt, im Internet. Als sie geliefert werden, deponiere ich die Rechnung auf der Kommode, zusammen mit dem Vorsatz, den Betrag baldigst zu überweisen.

Aber irgendwie geht es mir durch. Einige Zeit später flattert deshalb ein Mahnschreiben ins Haus. Der Shop möchte 109 Euro für die Schuhe – nachvollziehbar. Außerdem will er Mahngebühren in Höhe von 15 Euro – nicht ganz so nachvollziehbar.

Ist die Bestellung schon so lange her, dass derart hohe Verzugsgebühren auflaufen konnten? Ich gehe zu meiner Kommode und suche nach der Originalrechnung, die sich unter einem Stapel ungelesener »Economist«-Ausgaben, Prospekten und anderen Papieren verkrochen hat.

Nach einigem Gewühle finde ich den Schrieb. Rechnungsdatum vor drei Wochen, im Kleingedruckten steht: »Zahlung sofort nach Lieferung.« Mist. Sofort ist wohl schon vorbei.

Mahngebühren überweise ich normalerweise stets klaglos. Die Schuld liegt schließlich bei mir, und Strafe muss sein. Meistens habe ich ein derart schlechtes Gewissen, dass ich fast dankbar bin, diese pekuniäre Buße tun zu dürfen.

Den meisten Verbrauchern geht es ähnlich, es ist ein gelerntes Verhalten. Die Unternehmen haben uns in Sachen Mahngebühren gut dressiert. Wir hinterfragen die Strafbeträge nicht, genauso wenig, wie ein Hund nachfragt, wenn man ein Stöckchen wirft.

Aber 15 Euro?

Das erscheint mir sehr happig. Der Service-Guerillero in mir erwacht. Diesmal werde ich das Stöckchen nicht zurückholen. Und je mehr ich mich mit dem Thema befasse, umso klarer wird mir, dass fast nichts von dem, was ich bislang akzeptiert habe, Recht und Gesetz entspricht.

Fall Ihr Euch auch über Mahnungen ärgert, Compadres, dann schaut Euch diese kleine Checkliste an:

Guerilla-Check 1: Bin ich überhaupt in Verzug?

Bevor ein Unternehmen Gebühren geltend machen darf, muss der Kunde zunächst in Verzug geraten. Das ist juristisch gesehen ein Thema mit vielen Haken und Ösen. Vereinfacht kann man sagen: Man gerät in Verzug,

- wenn man das in der Rechnung gesetzte Datum (»Bitte zahlen Sie bis zum 15. Mai 2014«) verstreichen lässt. Dann setzt der Verzug automatisch ein, ohne weitere Mahnung.
- wenn man die erste Mahnung erhalten hat. Heißt gerne auch »Freundliche Erinnerung«, die Botschaft ist aber dieselbe: Schluss mit lustig.
- wenn seit dem Eintrudeln der Rechnung dreißig Tage verstrichen sind. Dann gerät man automatisch in Verzug, ohne weitere Mahnung.

Bevor die Juristen draußen an den Bildschirmen jetzt einen Pflaumensturz kriegen: Ja, es gibt da noch ein kleines »Aber«.

Der Bundesgerichtshof (BGH) hat nämlich entschieden, dass der Verzug nur dann automatisch einsetzt, wenn der Gläubiger den Verbraucher darüber informiert hat, was ihm bei Nichtzahlung droht: Mahngebühren! Exkommunikation! Überraschungsbesuche muskulöser Herren!

In meiner Rechnung fand sich jedoch keine derartige Belehrung. Aber die »fordert § 286 Abs. 3 Satz 1 BGB im zweiten Teil des Satzes«, sagt der Hannoveraner Rechtsanwalt Thomas Feil. »Ohne Belehrung braucht es ansonsten eine gesonderte Mahnung nach der Rechnung, trotz festem Zahlungsziel.«

Davon abgesehen setzt die von meinem Schuhshop gewählte Formulierung »Zahlung sofort nach Lieferung« nicht einmal meinen Wellensittich in Verzug, weil »sofort« zu labberig ist.

Ich war also 109 Euro schuldig, aber nicht in Verzug. Und wer nicht in Verzug ist, muss auch keine Mahngebühren oder Verzugszinsen zahlen.

Guerilla-Check 2: Ist der Verzugsschaden angemessen?

Mit Vorliebe berechnen Unternehmen säumigen Kunden so genannte Verzugsschäden. Dummerweise verstehen sie darunter oft etwas anderes als der Gesetzgeber. Firmen argumentieren gerne, das Mahnwesen bürde ihnen allerlei Extrakosten auf, weil: mehr Personal, mehr Strom, mehr Radiergummis.

Der BGH findet jedoch, dass derartiger »Verwaltungsaufwand zum Aufgabenkreis des Unternehmers« gehört. »Er hat diese Kosten selbst zu tragen.« Auch einige OLGs haben dahingehende Urteile gefällt.

Unternehmertum bedeutet nämlich, wie Wim Tölke gesagt hätte, »Rrrisiko!« Und dazu gehört auch, dass ab und an mal einer nicht subito zahlt. Der tatsächliche Verzugsschaden darf nur Kosten für Dinge wie Papier oder Porto beinhalten. Manche Gerichte sind der Ansicht, dass 1,20 Euro ausreichend sind. Bereits fünf Euro je Mahnung halten die meisten Juristen für zu hoch.

Guerilla-Check 3: Ist der Verzugszins korrekt berechnet?

Rechnung erst nach achtzehn Monaten unter dem Sofa entdeckt? Da müssen Sie möglicherweise Verzugszinsen berappen
(wenn Sie denn in Verzug sind, siehe Check 1). Auch hier werden gerne Fantasiebeiträge aufgerufen, obwohl der Gesetzgeber
klare Regelungen vorgibt.

Der Verzugszins beträgt für Verbraucher vier Prozent plus Basis-
zinssatz. Den jeweils aktuellen Wert finden Sie unter http://basis-
zinssatz.info/zinsrechner/. Momentan liegt er bei 4,17 Prozent.
Für Mathelegastheniker: Geben Sie bei Google 1000*0,0417/365
ein (ersetzen Sie die 1000 durch Ihren Rechnungsbetrag). Nun
wissen Sie, was Ihre Prokrastination pro Tag kostet.

Guerilla-Check 4: Was muss ich denn jetzt zahlen?

Nehmen wir an, Ihr Fall gliche meinem: Sie haben eine Rechnung verschlunzt und wurden nach ein paar Wochen gemahnt.
Den fälligen Rechnungsbetrag sollten Sie nun asapissimo überweisen.

Und die Extragebühren? Falls Sie nicht gerade einen Airbus
A380 auf Rechnung geordert haben, sollten die Verzugszinsen in
diesem frühen Stadium lediglich bei einigen Euro liegen. Wenn
es mehr ist: Teilen Sie Ihrem Gläubiger schriftlich mit, dass er
sich da wohl einen zu tiefen Schluck aus der Pulle genehmigt hat.
Überweisen Sie ihm den Verzugszins plus, sagen wir, zwei Euro
pro Mahnbrief. Was eigentlich schon zuviel ist. Aber irgendwie
sind Sie ja auch ein bisschen selbst Schuld, Sie Tüffel, also nicht
so knickerig.

Damit sind Sie mit dem Unternehmen fertig. Leider kann es sein, dass das Unternehmen noch nicht fertig mit Ihnen ist. Möglicherweise beharrt es auf den Wuchergebühren und greift zu den gängigen Folterinstrumenten – furchterregende Schreiben von der Kanzlei »Strangle, Squelch & Greeds« oder dem Inkassobüro »Kaliningrad«.

Da heißt es Nerven bewahren, Aktenordner anlegen, und Tom Königs Guerillero-Guide für Kündigungen (Operationsphase 3) lesen. In den meisten Fällen müssen Sie danach nichts mehr tun, außer die Mahnschreiben wegzuwerfen.

NACHWORT

Danksagung

Mein Dank gilt allen Lesern, die mir ihre Erlebnisse zuschicken. Ohne sie gäbe es weder Tom König noch dieses Buch. Ganz besonders herzlich bedanken möchte ich mich außerdem bei SPIEGEL ONLINE, vor allem bei Christian Rickens, Yasmin El-Sharif und den Kollegen aus der Wirtschaftsredaktion. Sie betreuen die Warteschleife-Kolumne seit vielen Jahren und verteidigen mich immer wieder furchtlos gegen die Einwände wütender Unternehmen.

Wer ist eigentlich dieser Tom König?

Wenn ich für meine Kolumnen Stellungnahmen bei Pressestellen einhole oder mit Lesern spreche, gebe ich meinen echten Namen preis: Ich heiße eigentlich Tom Hillenbrand, bin Krimiautor und gelernter Wirtschaftsjournalist.

Vor allem die Pressesprecher kennen mich häufig bereits unter diesem Namen, weil ich fast zehn Jahre lang für SPIEGEL ONLINE, die Financial Times Deutschland und andere Publikationen über ihre Arbeitgeber berichtet habe. »Ach, Sie sind Tom König!«, ist eine häufige Reaktion.

Ich bin es, und ich bin es auch wieder nicht. Beide Toms wohnen am westlichen Münchner Stadtrand und kommen eigentlich aus Hamburg. Beide sind verheiratet. Aber meine richtige Frau heißt nicht Tanja und ich besitze auch keine zwei Kinder namens Toni und Anna.

Tom König ist mir also in manchem ähnlich, aber er ist keine reale Person. Tom König, das sind wir alle. Als wir die Kolumne konzipierten, da war uns schnell klar, dass einem einzelnen Konsumenten irgendwann die Geschichten ausgehen könnten – und dass viele Unternehmen einen Kundenkolumnisten umgehend auf die VIP-Liste setzen würden. So etwas ist gang und gäbe; ein großer Konzern, bei dem ich früher nie eine Antwort aus dem Servicecenter erhielt, bearbeitet meine Anfragen nun binnen weniger Stunden.

Deshalb haben wir Kunde König erschaffen. Was ihm widerfährt, sind zum Teil meine eigenen Erlebnisse. Das Gros der Geschichten basiert jedoch auf Leserzuschriften. Pro Woche erhalte ich etwa 30 E-Mails mit Leidensgeschichten aus der Servicewüste. Jene, die besonders skurril oder interessant klingen, muss der arme Tom König dann noch einmal durchleben.

Alle Geschichten sind im Kern so passiert, keine ist ausgedacht. Vor der Veröffentlichung lasse ich mir vom jeweiligen Einsender die fraglichen Schriftwechsel und die Kundendaten zuschicken und konfrontiere das Unternehmen mit dem Fall. Erst dann entsteht eine neue Kolumne.

Wie lange Tom König noch leiden muss? So lange, wie Sie Geschichten an die E-Mail-Adresse warteschleife@spiegel.de schicken. Die Liste der veröffentlichungswürdigen Fälle wird immer länger – in meinem Archiv schlummern noch Dutzende. Schlechter Service scheint etwas zu sein, das niemals ausstirbt.